시시콜콜 Science BOOK

과학 교과서엔 나오지 않는
110가지 황당 질문에 대한 과학적 답변

과학 교과서엔 나오지 않는
110가지 황당 질문에 대한 과학적 답변
시시콜콜 Science BOOK

초판 1쇄 인쇄일 • 2008년 6월 25일
초판 1쇄 발행일 • 2008년 6월 30일
엮은이 • 믹 오헤어
옮긴이 • 장석봉 · 김대연
펴낸이 • 김미숙
기 획 • 이선민
편 집 • 이기홍
디자인 • 박선옥
마케팅 • 이광택
관 리 • 박민자, 이생글
펴낸곳 • 이마고
121-838 서울시 마포구 서교동 408-18 5층
전화 (02)337-5660 | 팩스 (02)337-5501
www.imagobook.co.kr
E-mail : imagopub@chol.com
출판등록 2001년 8월 31일 제10-2206호
ISBN 978-89-90429-67-4   03400

● 값은 뒤표지에 있습니다.
● 잘못된 책은 바꿔드립니다.

WHY DON'T PENGUINS' FEET FREEZE?
Copyright ⓒ New Scientist 2006
All rights reserved.
Korean translation copyright ⓒ 2008 by IMAGO Publishers, Inc.
Korean translation rights arranged with Andrew Nurnberg Associates Ltd.,
through EYA(Eric Yang Agency)

이 책의 한국어판 저작권은 EYA(Eric Yang Agency)를 통하여 Andrew Nurnberg Associates Ltd. 사와 독점계약한 (주)이마고에 있습니다. 저작권법에 의해 한국 내에서 보호를 받는 저작물이므로 어떠한 형태로든 무단 전재와 복제를 금합니다.

시시콜콜 Science BOOK

과학 교과서엔 나오지 않는 110가지 황당 질문에 대한 과학적 답변

믹 오헤어 엮음 | 장석봉·김대연 옮김

이마고

옮긴이의 글

즐거운 과학의 세계로 풍덩!

 이 책은 『뉴사이언티스트』라는 주간 과학잡지에 실렸던 질문과 답변을 모은 책입니다. 영국에서 발행되는 이 잡지는 50년이 넘는 역사를 자랑하며 전 세계적으로 약 17만 부나 팔리고 있습니다.

 13년간 실린 질문들 중에는 '하늘은 왜 파란색인가?' '머리카락은 왜 흰색으로 변하는가?' 처럼 독자 여러분들도 다른 책이나 매체를 통해 이미 여러 번 접했던 적이 있는 질문들도 있지만, '콧물은 왜 파르스름한가?' '북극곰을 남극으로 보내면 어떤 일이 벌어지는가?' 같은 꽤 재미있는 질문들도 있습니다. 하지만 답변은 진지하고 때로는 전문적이기까지 합니다.

 이 책을 번역하면서 옮긴이들은 과학 지식을 꽤 많이 얻게 되었고, 두께가 무려 60센티미터나 되는 포장도로를 뚫고 자랄 수 있는 버섯이 있다는 등의 흥미로운 사실도 알게 되었습니다. 그리고 그중에는 실생활에 당장 적용시킬 만한 것들도 있었습니다. 예를 들면 바나나는 냉장고보다 실내에 보관해야 한다는 것이 이미 많은 사람들에게 상식이 되어버렸지만, 이 책을 옮기면서 그 이유뿐만 아니라 토마토가 아열대성 과일이라는 것도 이번에 새삼스럽게 알게 된 것입니다. 토마토 같은 아열대성 과일도 냉장고에 넣어 보관하는 것을 권하지 않는다고 한 어느 답변자의 충고 덕분이었습니다. 그러고 보니 토마토의 붉은색 성분에 영양분이 많이 있다는 것은 알고 있었는데도 늘 습관적으로 냉장고 채소 칸에 보관했던 것 같습니다. 상온에 두면 더 빨갛게 익을 수 있었을 텐데도 말입니다.

  이 책에는 그밖에도 여러 분야에 걸쳐 다양한 질문들이 나옵니다. 사소하다면 사소할 수도 있는 질문들에 대해 영국뿐만 아니라 세계 여러 곳에서 꽤 진지한, 때로는 유머러스한 답변이 답지했다는 사실이 놀랍기도 합니다.

  이 책을 읽게 될 독자 여러분들도 잠시나마 즐거운 과학의 세계에서 즐거움을 얻기를 바라고, 더불어 생활의 팁 몇 가지도 얻어가셨으면 좋겠습니다. 그리고 전문적인 내용이 담긴 답변을 만나서 잠시 숨 고르기가 필요하시다면, 어쩌면 지금 이 순간 "다빈치가 내뱉은 약 4.9×10^9개의 분자를 다시 들이마시고" 있을지도 모른다는 생각을 떠올리시고 도전의식을 일으켜보시기 바랍니다. 여러분도 아시겠지만 그는 다방면에 관심이 많았던 호기심의 왕이었습니다. 그가 아직 살아 있다면 그도 『뉴사이언티스트』에 독자 답변을 보냈을지 누가 알겠습니까?

차례 | 시시콜콜 Science BOOK

옮긴이의 글 · 4

시시콜콜 궁금증? 1. 동물과 식물 · 9

새들은 횃대에서 떨어지지 않는다 · 10 ㅣ 북극 펭귄, 남극 흰곰 · 13 ㅣ 풍선 물고기 · 18
펭귄의 발은 왜 얼지 않나요 · 20 ㅣ 뜨거운 전자레인지 속의 개미 · 24 ㅣ 비 사이로 막 가 · 27
달걀 모양에 숨은 비밀 · 28 ㅣ 붉거나 혹은 희거나 · 30 ㅣ 검은 것을 먹고 왜 흰 똥을? · 32
냄새만 맡으란 법은 없다 · 35 ㅣ 번갯불에 물고기 구워 먹기 · 37 ㅣ 물고기들의 대탈주 · 39 ㅣ 날개 없이 날기 · 40
호박벌은 진짜로 나는 걸까 · 43 ㅣ 독버섯이 뿔났다 · 44 ㅣ 양들의 침묵 · 47

시시콜콜 궁금증? 2. 가정과 생활 · 51

숫자판의 수수께끼 · 52 ㅣ 주전자 교향곡 · 53 ㅣ 거울과의 악수 · 55 ㅣ 순간접착제의 비밀 · 59
끈적끈적한 속도 · 61 ㅣ 정전기 랩 · 63 ㅣ 시작이 반 · 65 ㅣ 바스락! 바스락! · 69 ㅣ 누구의 냄새일까 · 70
검은곰팡이를 박멸하라 · 72 ㅣ 편지봉투 폭발사건 · 76 ㅣ 뜨거운 물이 찬물보다 빨리 언다 · 78

시시콜콜 궁금증? 3. 먹거리의 과학 · 85

바나나 껍질의 퇴락 · 86 ㅣ 수정처럼 맑은 얼음 · 90 ㅣ 양파 썰기의 고통 · 94 ㅣ 쌍둥이 달걀 · 97
백발백중 우유 따르기 · 98 ㅣ 치즈는 왜 실처럼 · 101 ㅣ 한 번? 두 번? · 103 ㅣ 꼬이며 흐르는 우유 · 109
촉촉한 비스킷과 바게트 방망이 · 112 ㅣ 기름 벌집 · 115 ㅣ 녹색 빛이 도는 햄 · 121 ㅣ 달걀 스크램블의 과학 · 123
시리얼이 떼를 지어 모이는 이유 · 126 ㅣ 전자레인지 폭발사고 · 129 ㅣ 음식을 더 맛있게 먹으려면 · 131
맛있는 라거 맥주를 찾아라 · 133 ㅣ 거품은 잔을 넘치지 못하고 · 138 ㅣ 그게 그렇게 중요해 · 141

시시콜콜 궁금증? 4. 탈 것과 날 것 · 145

에스컬레이터 다시 타기 · 146 ㅣ 수은은 안 돼요 · 149 ㅣ 귀 멍멍 코 멍멍 · 152 ㅣ 배의 동그란 창문 · 155
철썩! · 157 ㅣ 구멍 뚫린 낙하산 · 161 ㅣ 비행기의 작은 창문 · 163 ㅣ 운전대의 비밀 · 167
뒤집혀 나는 비행기 · 169 ㅣ 모터보트에는 기어가 없다 · 171

시시콜콜 궁금증? 5. 인체의 신비 · 175

하룻밤 만에 백발이 · 176 I 손끝의 타이어 · 177 I 손 주름, 발 주름 · 179 I 긴장하지 마세요 · 180
나는 왼손잡이야 · 181 I 왼쪽으로 비틀비틀 · 183 I 당신은 나의 동반자 · 187 I 뇌가 쭈글쭈글 · 189
딴생각하지 맙시다 · 192 I 도대체 무슨 소리야 · 193 I 가스 중독 · 195 I 포도주가 물로 변할지니 · 197
비누 미라 · 199 I 생명이란 무엇인가 · 202 I 비듬 샴푸 · 205 I 가슴 짜릿한 충격 · 206
손가락이 먼저냐 콧구멍이 먼저냐 · 210 I 햇빛 재채기 · 213 I 전기의 힘? · 216

시시콜콜 궁금증? 6. 건강과 의학 · 221

추워도 괜찮아 · 222 I 녹색 콧물 · 224 I 당신이 잠든 동안에 · 227 I 투쟁-도피 반응 · 229 I 노세보 효과 · 231
전기 치통 · 234 I 무릎의 일기예보 · 235

시시콜콜 궁금증? 7. 지구와 우주 · 239

북극의 현재 시각 · 240 I 원자의 윤회 · 245 I 춤추는 시계바늘 · 249 I 지난여름 바닷가 이야기 · 253
태양계 밖으로 날아간 우주선 · 255 I 왜 바닷물은 양쪽에서 난리야 · 257 I 누가 더 많을까 · 260
하얀 지붕 효과 · 263 I 별은 밝음 속에 사라지고 · 265 I 눈이 부시게 푸르른 날은 · 267 I 중국 퍼즐 · 269

시시콜콜 궁금증? 8. 날씨의 비밀 · 271

빛을 먹는 구름 · 272 I 파랑주의보 · 273 I 광색성 렌즈 미스터리 · 276 I 밤하늘에 날벼락 · 279

시시콜콜 궁금증? 9. 기타 베스트 질문 · 281

촛불잔치 · 282 I 하늘을 향해 쏴라 · 287 I F학점의 천재들 · 291 I 과학을 훔친 스파이 · 296
카드가 먹통이네! · 301 I 행복한 귀환 · 303 I 마그누스 효과 · 306 I 초음속 채찍질 · 311
영원한 빛깔의 향기 · 313 촛불 빨대 · 315 I 헬륨 풍선의 비밀 · 318 I 추락하는 엘리베이터에서 살아남기 · 321
새까만! · 324

시시콜콜 궁금증?

1. 동물과 식물

동물과 식물 | 새들은 횃대에서 떨어지지 않는다

새들은 어떻게 잠을 자면서도 횃대에서 떨어지는 법이 없습니까? 새들이 정말 잠을 자기는 자는 겁니까?

— **그림 포브스** 영국, 에어셔 주, 킬마넉

_ **앤 브루스** 영국, 에어셔 주, 거번 새들의 다리에는 힘줄이 재미나게 배열돼 있습니다. 근육에서 출발한 굽힘근이 무릎을 거쳐 다리로 내려와 발목을 둘러싼 다음 발가락 아래까지 팽팽하게 이어져 있습니다. 그래서 새들은 휴식 도중 체중에 눌려 무릎이 굽혀도 힘줄을 바짝 잡아당기면 발톱이 오므라듭니다.

그같은 배열구조의 탁월한 효과 덕분에 죽은 지 한참 됐는데도 죽어도 횃대만은 놓지 않은 새들이 발견되는 것입니다.

_ **데이비드 레키** 영국, 이스트로시안, 해딩턴 예, 새들도 잠을 잡니다. 뿐만 아니라 한 발로 선 채 자기도 합니다. 더 깜짝 놀랄 사실은 최면술을 걸면 제 스스로 잠들기도 한다는 것입니다. 우리 집 구관조가 그랬습니다.

한번 따라 해보십시오. 눈을 새장에 가까이 댄 다음 최면술의 정석에 따라 '당신의 눈꺼풀이 점점 무거워집니다.'를 (입으로 외실 필요는 없고) 눈으로 보여주시면 됩니다. 우리가 슬슬 졸린 척하면 새들도 따라 잠드는가 싶더니 결국에는 한쪽 다리를 들어 배에 붙인 채 머리를 날갯죽지에 파묻고는 깊은 잠에 빠져버립니다.

한 가지 더. 새를 잠들게 하려면 새장을 담요로 덮어 밤처럼 깜깜하게 만들기만 하면 된다는 것을 애완용 새를 기르는 사람이라면 대부분 알고 있답니다.

_앤드루 스케일스 아일랜드, 더블린 새들도 잠을 자지만 대개는 여러 번에 나누어 짧고도 '깊은' 토막잠을 잡니다. 칼새들은 나는 도중에도 자는 것으로 유명합니다. 새들은 시각에 의존하므로 대부분 밤잠을 잡니다. 물

1. 동물과 식물 11

론 야행성 동물들은 정반대입니다.

  그러나 섭금류 새들은 태양이 아니라 물때에 수면 주기를 맞춥니다. 인공조명에 쉽게 속는 종들도 있습니다. 명금류 새들은 도시 지역의 밝은 불빛에 밤잠을 설치기도 합니다. 저희 집 근처에 있는 경마장의 눈부신 불빛은 밤새도록 지평선을 새벽처럼 밝힙니다. 그 바람에 울새와 검은지빠귀들이 밤 2시부터 쉬지 않고 줄곧 지저귀어댑니다. 안타깝게도 저는 알 수 없습니다. 경마장 불빛에 새들도 저처럼 피곤할지 아닐지는.

동물과 식물 | **북극 펭귄, 남극 흰곰**

북극곰을 남극으로 보내면 어떤 일이 벌어질까요? 그리고 펭귄을 북극으로 보내면 어떻게 될까요?

리처드 데이비스 영국, 웨스트글러모건 주, 스완지

_ C. M. 폰드 영국, 버킹엄셔 주, 밀턴케인스, 개방대학교 생물과학부   북극곰은 아마도 남극은 물론, 남극해에서도 살 수 있을 겁니다. 하지만 그 결과 남극 고유의 야생 생물들은 궁지에 몰리게 될 것입니다. 북극곰들은 주로 바다표범을 잡아먹고 살며, 특히 유빙이나 해안에서 태어나는 어린 바다표범 새끼들을 좋아합니다. 북극 바다표범과 남극 바다표범의 출산 습관이 달라진 것도 곰들의 습격을 피하기 위해 적응한 결과가 아닌가 생각될 정도입니다.

북극곰은 남극대륙 주변에서 물고기를 먹고 사는 수많은 조류와 포유류를 발견할 것입니다. 펭귄은 특히 손쉬운 사냥감이 될 공산이 큽니다. 펭귄은 날개도 없고 사방이 트인 평지에서 새끼를 키우며, 대형 펭귄들은 새끼 한 마리를 몇 달 간에 걸쳐 키우기 때문입니다. 북극곰은 잠깐의 위협만으로도 귀엽고 통통한 새끼 펭귄을 잡아먹거나 알을 품던 어른 펭귄에게서 알을 빼앗을 수 있습니다.

북극곰들은 주로 얼음 덮인 바닷가에서 사냥을 합니다. 그곳의 얼음은 북극곰의 체중을 지탱할 만큼 적당히 두꺼우면서도 바다표범이

숨구멍을 만들기에 적당할 만큼 얇습니다. 캐나다와 알래스카의 북쪽 해안과 유럽의 북서부 해안 인근에 떠 있는 수많은 섬 중에는 그같은 조건을 갖춘 서식지가 무수히 많습니다. 남극은 북극에 비해 더 춥고 인근에 섬들도 얼마 안 됩니다. 따라서 북극곰이 남극해에서 번식을 하려면 북극에서 번식할 때보다 더 낮은 위도를 찾아 내려가야 합니다.

그저 질문자께서 말씀하신 일이 어느 누구에 의해서도 일어나지 않기만을 바랄 뿐입니다. 외부에서 인위적으로 유입된 포식종이 토착 야생 생물들을 초토화시킨 일이 많았습니다. 토착종들은 외래종과 맞서는 데 익숙하지가 않기 때문이죠. 뉴질랜드에 족제비가 들어왔을 때도, 오스트레일리아에 여우와 고양이가 들어왔을 때도 그리고 여러 고립된 섬에 쥐들이 들어왔을 때도 그런 일들이 벌어졌습니다.

게다가 크고 육중한 동물들은 성장도 더디고 구조적으로도 연약한 남극의 식물들과 이끼류들을 짓밟아놓을 것입니다. 예를 들어 남대서양 세인트조지아 섬에 있는 자생 식물들은 노르웨이 순록들에게 싹쓸이당했습니다. 섬에 순록이 들어온 지 80년 만에 일어난 일이었습니다.

_ 해드리언 제프스 영국, 노퍽 주, 노위치 제가 아는 한, 남극에 북극곰을 데려다놓는 어리석은 일을 저지른 인간은 없었습니다만 펭귄을 북극에 이주시키려는 실질적인 시도는 적어도 두 번 있었습니다.

　원래 '펭귄'이란 지금은 멸종된 큰바다쇠오리로서 한때는 대서양의 북쪽 해안가에서 대규모로 발견되던 종이었습니다. 남반구 펭귄과 혈연관계는 없었지만 서로 생김새도 비슷하고 생태적 지위도 같았습니다. 특히 아남극 지역의 임금펭귄과는 여러모로 닮은꼴이었습니다.

　어떤 외래종을 들여오려면, 그들이 채울 수 있는 적절한 생물학적 지위가 현실적으로 존재해야 합니다. 안 그러면 외래종은 발붙이고 살 수가 없습니다. 대략적으로 살펴보면, 남극에서 펭귄들이 차지하던 생태학적 지위를 북쪽에서는 바다쇠오리 종들이 누리고 있었습니다. 그러나 19세기 중반 배고픈 고래잡이들 손에 큰바다쇠오리들이 멸종하자 대형 펭귄들 중 한 종이 이주해 안착할 여지가 생겼을 뿐만 아니라, 펭귄의 지방질 풍부한 살코기와 단백질 풍부한 알들에 대한 경제적 잠재수요 역시 대두됐습니다.

1930년대 말 노르웨이 바다에 펭귄을 이주시키려는 두 갈래의 시도를 촉발한 동기 역시 혹시나 하는 경제적 기대심리에서 발동됐을 것입니다. 1936년 10월, 노르웨이 자연보호협회 카를 쇼엔의 주도로 뢰스트, 로포텐, 예스바에르 그리고 핀마르크에 임금펭귄 아홉 마리가 방사됐습니다. 2년 후 이번에는 노르웨이 자연보호기금에서 일곱 마리의 마카로니펭귄과 자카스펭귄을 똑같은 지역에 방사하는 어처구니없는 짓을 저지릅니다. 그 작은 펭귄들이 직접 경쟁해야 할 상대는 보나마나 바다쇠오리 아니면 토종 바다새일 것이 뻔했는데도 말입니다.

그같은 시도의 결과는 실험가들에게도 불행이었지만, 가장 큰 불행의 당사자는 펭귄들이었습니다. 생사가 확인된 펭귄 가운데 임금펭귄 한 마리는 동네 여인에게 악마로 오인받아 도착한 지 얼마 되지도 않아 사라졌던 반면, 마카로니펭귄 한 마리는 1944년 낚싯줄에 걸려 죽었습니다. 마카로니펭귄은 사건 당시의 정황을 보건대 지난 6년간의 타향살이를 통해 번식에 성공한 것이 분명했습니다.

큰바다쇠오리들이 사라지고 남은 생태학적 공백을 채우려던 시도가 실패할 수밖에 없었던 진짜 이유는 바로 애초부터 그런 공백은 없었기 때문이라는 사실이 얼마 안 있어 밝혀졌습니다. 그렇게 커다란 바다새들이 거대하고 이악스러운 인간 집단과 행복하게 공존할 수는 없었던 것입니다. 머나먼 남쪽에서 자연 서식하는 펭귄들을 위협하는 것 역시 서서히 불어나고 있는 인간이란 존재들입니다.

> 동물과 식물 | 풍선 물고기
>
> # 물고기는 방귀를 안 뀌네요. 왜예요?
>
> **크리스틴 칼리보스키** 미국, 캘리포니아 주, 브렌트우드

_ 데릭 스미스 _{영국, 링컨셔 주, 롱서튼} 글쓴이께서는 아마도 물고기 항문에서 줄지어 이어지는 거품방울들을 못 봤기 때문에 물고기가 방귀를 안 뀐다고 판단하셨을 겁니다.

그러나 물고기들 역시 장에서 발생한 가스를 항문으로 내보냅니다. 그것은 대부분의 동물과 별 차이가 없습니다. 차이가 있다면 배출 방식입니다.

물고기들은 노폐물을 우선 기다랗고 가느다란 점액질 덩어리로 배출합니다. 거기서 가스가 방출됩니다. 그 노폐물 속에는 소화과정에서 생긴 가스가 함유돼 있으며, 또한 노폐물 자체가 가스를 형성하기도 합니다. 그렇게 가스가 빠져나가고 남은 결과물이 물에 가라앉거나 떠다니곤 하는 길쭉한 배설물 덩어리들입니다. 그러나 많은 물고기들이 식분증(食糞症)을 갖고 있습니다. 따라서 배설물 덩어리들은 대부분 우리 눈에 띄기도 전에 우선 당장 물고기들 입에 남아나질 않습니다.

_ 피터 헨슨 _{영국, 런던 대학교} 저는 우리 집 시클리드들이 바람을 내뿜어 뱀장

어를 못 살게 구는 장면을 여러 번 목격했습니다.

녀석들이 수면에 떠다니는 먹이 부스러기를 허겁지겁 집어삼키는 와중에 공기까지 너무 많이 마셔버린 모양입니다. 만약 시클리드들이 공기를 배출하지 않는다면 녀석들 내부의 균형에 심각한 변화가 초래될 것입니다.

_알렉산드라 오스만 영국, 런던 대부분의 상어들은 고밀도 지질 성분인 스콸렌에 의존해 부력을 유지합니다. 그러나 샌드타이거상어라 불리는 에우곰포두스 타우루스(*Eugomphodus taurus*)는 부력 조절용 보조장치로 방귀를 활용하는 재주를 터득했습니다. 수면으로 헤엄쳐 올라간 샌드타이거상어는 공기를 뱃속 깊숙이 집어삼킵니다. 그런 다음 원하는 수심에 도달해 자세를 잡을 때까지 방귀 양을 적절히 조절하며 가라앉습니다.

> **동물과 식물 | 펭귄의 발은 왜 얼지 않나요**
>
> 남극 펭귄들은 항상 눈과 얼음을 밟고 살아야 하는 겨울철에도 왜 발이 얼지 않습니까? 몇 해 전 라디오에 출연한 과학자의 입을 통해 펭귄은 부행순환(곁순환) 작용을 통해 발을 얼지 않게 한다는 사실을 접했습니다. 그러나 그에 대한 추가적인 정보나 설명은 얻지 못했습니다. 펭귄을 연구하는 과학자들에게 물어도 아무런 답변이 없었습니다.
> —
> **수잔 페이트** 오스트레일리아, 퀸즐랜드 주, 에노게라

_ **존 데이번포트** 영국, 컴브리 제도, 밀포트, 런던-글래스고 대학 합동 해양생물학연구소

다른 냉대기후 동물들과 마찬가지로 펭귄 역시 적응과정을 통해 과도한 열 손실을 방지함으로써 몸통 체온을 섭씨 약 40도로 유지합니다. 발 부위는 예외적으로, 깃털이나 지방 형태의 단열재로 표면을 감쌀 수도 없고 게다가 표면적도 넓다는 문제가 있습니다. (북극곰을 비롯해 냉대기후 포유류들이 비슷한 애로사항에 직면합니다.)

해결 방법은 두 가지입니다. 우선 펭귄은 혈액을 공급하는 동맥의 지름을 변화시켜 발로 들어가는 혈류량을 조절합니다. 낮은 온도에서는 혈류량이 감소하고 높을 때는 혈류량도 증가합니다. 그 점에서는 인간들도 마찬가지입니다. 체온이 떨어지면 손발이 하얗게 되고 체온이 오르면 다시 분홍빛깔을 되찾는 것도 그 때문입니다. 조절과정은 아주 섬세하고 정교하며 시상하부를 비롯해 다수의 신경계와 호르몬

계가 연동해 작동합니다.

하지만 펭귄에게는 한 가지가 더 있습니다. 펭귄의 다리 상단부에는 '역류형 열교환기'가 장착돼 있습니다. 발에 따뜻한 피를 공급하는 동맥이 여러 갈래의 작은 혈관들로 나뉘어져 있고, 발에서 차가워진 피를 운반해 올라오는 그와 비슷한 수의 정맥들과 긴밀하게 교차합니다. 열은 더운 피에서 식은 피로 이동하고, 따라서 발에는 아주 적은 열만이 전달됩니다.

겨울철 펭귄의 발은 어는점보다 1~2도 높은 온도를 유지합니다. 그 결과, 열손실은 최소화되고 동상 또한 예방됩니다. 오리와 거위의 발도 비슷한 구조를 갖습니다만, 그들을 몇 주간 따뜻한 실내에 가둬 두었다 눈이나 얼음 위에 풀어놓았을 경우 발바닥이 땅에 얼어붙습니다. 그 이유는 생리활동이 따뜻한 조건에 적응한 결과 발로 들어가는 혈류가 사실상 차단되어 발의 온도가 어는점 이하로 떨어졌기 때문입니다.

_ 크리스 쿠퍼와 마이크 윌슨 영국, 콜체스터, 에식스 대학교 부행순환 여부는 차치하고, 펭귄의 차가운 발 문제를 푸는 데 부분적인 열쇠가 될 만한 매력적인 생화학적 설명이 있습니다.

산소와 헤모글로빈은 결합 과정에서 통상 강렬한 발열 반응을 일으킵니다. 일반적으로 헤모글로빈 분자가 산소와 결합할 때 생기는 열량(DH)과 그 역반응, 즉 산소에서 헤모글로빈이 떨어져 나가는 과정에서 흡수되는 열의 양은 같습니다. 그러나 산화와 탈산화 과정은 생명활동의 서로 다른 두 측면이므로, 예를 들어 산도(酸度)와 같이 분자의 환경이 변화하면 발열과 흡열 반응의 정도 역시 달라집니다.

DH의 실제 값은 종에 따라 달라집니다. 남극 펭귄의 경우에는 상황이 상황이니만큼 발을 비롯한 신체 말초조직의 DH값이 인간보다 낮습니다. 그것은 두 가지 유리한 결과를 낳습니다. 첫째, 펭귄의 헤모글로빈이 탈산화되는 과정에서 흡수하는 열이 줄어듭니다. 그 결과 발이 얼어붙을 염려도 줄어듭니다.

둘째, 열역학 법칙에 의한 이익이 있습니다. 헤모글로빈에 의한 산소의 발열과 흡열 반응을 포함해 모든 가역반응에서 낮은 온도는 발열 반응을 촉진시키는 반면 흡열 반응은 억제합니다. 따라서 온도가 낮은 경우 대부분의 종에서는 헤모글로빈에 의한 산소 흡수가 더욱 활발히 일어나며 산소가 떨어져 나가기는 더 어려워집니다. DH값이 상대적으로 높지 않다는 것은 곧, 차가운 조직에서는 산소와 헤모글로빈의 친화력이 높은 수준에 도달하지 않게 함으로써 산소가 도망치지 못하게 한다는 것을 뜻합니다.

종마다 다른 DH값 때문에 일어나는 매력적인 현상은 그뿐만이 아닙니다. 일부 남극 어류들은 도리어 산소가 분리될 때 열이 방출됩니다. 그같은 역설의 최정점에 다랑어가 있습니다. 다랑어는 산소가 헤모글로빈에서 분리되는 과정에서 발생하는 엄청난 열 덕분에 주변 환경보다 섭씨 17도 높은 체온을 유지합니다. 결국 다랑어는 냉혈동물이 아니었던 것입니다!

　과도한 신진대사 활동에서 발생하는 열을 식힐 필요가 있는 동물에서는 정반대의 일이 일어납니다. 겨울철새인 쇠물닭은 얌전한 비둘기들과 비교한다면 헤모글로빈 산화에 따른 DH 범위가 대단히 넓습니다. 따라서 쇠물닭은 체온 과열 없이 장거리 비행을 할 수 있는 것입니다.

　마지막으로 뱃속의 태아도 어떻게든 열을 방출시켜야 하지만 그들에게 외부와 연결된 유일한 통로는 산모의 탯줄뿐입니다. 산모의 헤모글로빈과 비교해 태아의 헤모글로빈 산화에 따른 DH값이 낮을 경우, 산모는 산소를 분리시켜 더 많은 열을 흡수합니다. 자기 몸속의 산소가 태아의 헤모글로빈과 결합해 열을 방출시키는 일은 최대한 억제됩니다. 따라서 열은 태아에게서 벗어나 산모의 탯줄을 따라 이동하게 됩니다.

동물과 식물 | 뜨거운 전자레인지 속의 개미

세상에 이럴 수가 있습니까? 제 커피 잔에 또 다시 개미들이 올라타기에 한번 당해봐라 작정하고 전자레인지에 넣고 돌렸는데 이놈들이 아무렇지도 않다는 듯이 살아 돌아왔습니다. 개미들은 레인지가 돌아가는 와중에도 아주 신나게 뛰어놀더군요. 그 지독한 곳에서 어떻게 살아 돌아온 겁니까?

주디스 켈리 오스트레일리아, 노던 준주, 다윈

_ **리엔** 영국, 노퍽 주, 노위치 해답은 아주 간단합니다. 가정용 전자레인지는 마이크로파(극초단파)를 일정 간격으로 벌려 발사합니다. 그래야만 음식이 제대로 조리되기 때문이죠. 개미처럼 덩치가 아주 작다면 마이크로파의 틈새에 몸을 숨길 수 있습니다. 따라서 시련 속에서도 살아남은 겁니다.

_ **A. G. 휘터커** 영국, 보더스 주, 헤리엇 개미에게 유리한 상황이 조성되는 이유는 마이크로파가 레인지 내부에서 정상파를 형성하기 때문입니다.

그렇기 때문에 레인지 내부의 어떤 곳은 에너지 밀도가 아주 높은 반면, 다른 곳은 아주 낮은 것입니다. 따라서 대부분의 레인지는 음식을 골고루 익히기 위해 바닥에 회전판이 달려 있습니다.

고정된 쟁반에 마시멜로를 놓고 레인지로 가열하면 잠시 후 마이크로파가 만드는 무늬를 보실 수 있습니다. 익은 마시멜로와 익지 않은 마시멜로가 규칙적으로 배열될 것입니다. 그러나 정상파가 그리는 무늬는 레인지에 어떤 재질의 물체를 어떤 위치에 놓느냐에 따라 달라집니다. 예를 들자면 물 잔도 예외가 아닙니다.

전자레인지 안에 고온 영역과 저온 영역이 번갈아가며 나타나는 줄무늬 패턴이 있다는 사실을 경험한 개미는 에너지가 낮은 영역 즉 차가운 영역을 찾아가려 합니다. 혹시 에너지가 높은 영역에 있더라도 개미는 부피 대비 표면적 비율이 높기 때문에 이 비율이 높은 물체보다 차가워지는 것이 좀더 빠릅니다.

마이크로파가 작은 물체를 가열시키기엔 너무 크다는 우리의 상식은 신화에 불과합니다. 그같은 상식이 거짓임은 마이크로파 가열 실험을 한 저와 같은 화학자들에 의해 증명됐습니다. 촉매 중에는 마이크로파를 흡수하는 입자들로 구성되어 있는 것들도 있습니다. 크기가 대체로 미크로 이하인 이 입자들은 촉매 안 여기저기에 분산되어 있습니다. 마이크로파가 미세한 촉매 입자들밖에는 가열시킬 수 없다는 확실한 증거가 있습니다.

_ 찰스 소여 미국, 캘리포니아 주, 캠프턴빌 전자레인지의 금속 바닥이나 내부 벽면 근처에는 마이크로파 에너지가 거의 존재하지 않습니다. 마이크로파의 전자기장은 전도성 금속에 의해 '잘려' 나갑니다. 기둥에 묶어놓은 줄넘기 줄의 한쪽 끝을 잡고 흔들었을 때 파장의 진폭이 기둥에 이르러서는 완전히 사라지는 것과 마찬가지입니다. 줄넘기 줄을 기어가는

개미는 기둥 근처에서는 줄의 움직임에 영향받지 않겠지만 줄의 한가운데로 접근할수록 떨어질 위험이 더 커집니다.

  이런 사실을 지금 당장 확인하고 싶다면 버터 두 조각을 두 개의 폴리스티렌 커피 잔 바닥에 넣은 다음 전자레인지에 집어넣으십시오. 단, 하나는 바닥에 놓고 다른 하나는 거꾸로 뒤집어 놓은 유리컵 위에 올려놓으셔야 합니다. 반드시 물 한 잔도 잊지 말고 같이 넣으셔야 합니다. 가열에 들어가면 올려놓은 버터가 먼저 녹기 시작합니다. 바닥에 놓은 버터가 녹으려면 아직 멀었습니다.

> 동물과 식물 | 비 사이로 막 가
>
> 모기들은 어떻게 폭우 속에서도 빗방울 하나 안 맞고 날아다닐 수 있는 겁니까?
>
> L 펠 영국, 옥스퍼드셔 주, 어핑턴

_ 앨런 리 영국, 버킹엄셔 주, 에일즈베리 떨어지는 빗방울의 머리 부분(즉 빗방울 아랫부분)에는 기압파가 형성됩니다. 기압파는 모기를 옆으로 밀어냅니다. 따라서 빗방울은 모기를 빗나갑니다. 파리채가 그물 모양 혹은 구멍 뚫린 모양으로 만들어진 것도 파리채 표면에 생기는 기압파를 줄이기 위해서입니다. 그렇지 않다면 파리채는 허공을 가르기 일쑤였을 것입니다.

_ 톰 내시 영국, 도싯 주, 쉐르본 모기의 세계와 인간 세계는 다릅니다. 그 규모의 차이를 고려한다면 모기와 빗방울 간의 충돌은 (속도를 측정할 수는 없지만) 낙하하는 빗방울의 속도로 달리는 자동차와 통상적으로 1000분의 1에 불과한 밀도를 지닌 인간, 가령 사람과 같은 모양과 크기를 지닌 얇은 고무풍선 사이의 충돌과 비슷할지 모르겠습니다. 고무풍선은 쉽게 길 밖으로 튕겨나갈 겁니다. 오직 벽에 대고 부딪힐 때에나 터지겠죠.

동물과 식물 | 달걀 모양에 숨은 비밀

대부분의 알은 왜 달걀 모양인가요?

맥스 워스 영국, 컴브리아 주, 바우니스온윈더미어

_ 앨리슨 우드하우스 영국, 켄트 주, 브롬리 알들이 달걀 모양인 데는 몇 가지 이유가 있습니다. 첫째 그런 모양일 때 알들 사이에 공기가 들어갈 공간이 적어집니다. 이것은 열의 손실을 줄여주고 둥지 안의 공간을 최대로 활용할 수 있게 해줍니다. 둘째 알이 구를 때 뾰족한 쪽을 중심으로 원을 구르며 돌게 됩니다. 즉 평면(혹은 평면에 가까운 표면)에서 알이 굴러 떨어지거나 둥지 밖으로 나갈 걱정이 없어집니다. 셋째 알을 낳을 때 달걀 형태가 (먼저 나오는 쪽이 둥근 쪽이라고 가정하면) 완전한 공 모양이나 원통형일 때보다 어미 새에게 더 편합니다. 마지막으로 가장 중요한 이유는 암탉의 알은 달걀 컵이나 냉장고 달걀선반에 꼭 들어맞는 이상적인 형태라는 점입니다. 다른 형태라면 절대로 그렇지 못할 테니까요.

_ 존 이완 영국, 버크셔 주, 와그레이브 알에 각진 부분이 있다면 어미 새가 알을 낳을 때 분명 고통스러울 뿐 아니라 구조적으로도 약할 것이기 때문입니다. 가장 튼튼한 형태는 완전한 공 모양이지만 그런 알은 둥지 밖으로 굴러나가기 십상이겠죠. 안타깝게도 절벽 위에 둥지를 트는 새들

은 더욱 더 그렇습니다. 대부분의 알은 곡선을 그리며 구르다가 뾰족한 쪽이 오르막 쪽을 향해 멈춥니다. 실제로 절벽에 둥지를 트는 새들의 알은 눈에 띌 정도로 구형에서 많이 벗어난 형태를 지니고 있습니다. 그래서 안쪽으로 나선형을 그리며 구릅니다.

_ A. 맥디어미드 고든 영국, 체셔 주, 세일 알이 계란 형태가 되는 것은 새들이 알을 낳는 과정에서 생긴 결과입니다. 알은 연동운동에 의해 난관을 통과합니다. 난관의 근육은 고리들이 연속된 구조로 되어 있는데 알의 앞쪽에서는 이완되고 뒤쪽에서는 수축하는 일을 반복합니다.

난관이 시작하는 곳에서 알은 껍질이 부드럽고 공 모양입니다. 알의 뒤쪽에 수축력이 작용할 때 근육의 고리들은 순차적으로 작아져 가고, 그에 따라 반구 형태가 원뿔 형태로 변형됩니다. 한편 이완작용을 하는 근육은 앞쪽 부분을 반구형에 가깝게 유지시켜줍니다. 껍질이 석화됨에 따라 알의 형태가 고정되어 갑니다. 이와는 대조적으로 껍질이 부드러운 파충류의 알은 어미의 몸에서 나온 후에 다시 공 형태로 돌아갑니다.

둥지에 놓여 있기에 유리하다는 것 그리고 멀리 굴러 떨어질 가능성이 줄어든다는 점은(이러한 경향이 유전된다고 했을 때) 모양이 좀더 두드러지게 달걀 형태인 알을 낳는 개체 쪽이 선택되는 데 기여했을 것입니다. 하지만 이러한 결과는 달걀 형태 자체가 진화적으로 우성이라기보다는 알을 낳는 과정에서 일어난 필연적인 결과입니다.

동물과 식물 | 붉거나 혹은 희거나

붉은 고기는 왜 붉은색이고 하얀 고기는 왜 하얀색인가요? 동물들마다 살코기 색깔이 다른 이유는 무엇인가요?

- 톰 휘틀리 영국, 서머싯 주, 배스

_ 트레버 리 영국, 옥스퍼드 붉은 고기가 붉은 것은 고깃살을 이루고 있는 근육섬유에 미오글로빈과 미토콘드리아의 함유 비율이 높기 때문입니다. 그것들의 색깔이 바로 빨간색이거든요. 미오글로빈은 적혈구에 있는 헤모글로빈과 유사한 단백질로서 근육섬유 속에서 산소를 저장하는 구실을 합니다.

미토콘드리아는 세포소기관으로 세포 속에서 산소를 이용해 ATP(아데노신3인산)라는 화합물을 생산함으로써 근육 수축을 위한 에너지를 제공합니다. 반면 하얀 고깃살의 근육섬유에는 미오글로빈과 미토콘드리아의 함량이 낮습니다.

동물마다 고기 색깔이 다른 것은 그 두 가지 형태의 기본 근육섬유가 다른 비율로 섞여 있기 때문입니다. 붉은 근육의 섬유들은 피로속도가 느린 반면 하얀 근육의 섬유들은 피로속도가 빠릅니다. 다랑어처럼 정력적이고 헤엄 속도가 빠른 물고기들은 살코기 속에, 피로에 강한 붉은색 근육의 비율이 높습니다. 반면 행동이 굼뜬 가자미 같은 물고기들은 흰색 근육이 살의 대부분을 차지합니다.

_ T. 필트니스 영국, 햄프셔 주, 윈체스터 고기 색깔은 근육조직에 있는 미오글로빈의 밀도에 따라 결정됩니다. 고기가 요리 중에 갈색을 띠는 것도 바로 미오글로빈 때문입니다.

닭고기나 칠면조 고기는 항상 흰색일 것 같지만 방사해서(특히 다리를 풀어서) 키운 경우에는 갈색을 띱니다. 밖에서 놓아기른 새들은 답답한 우리에서 사육된 가금류보다 운동량도 많고 기름기도 적습니다. 기름기가 적으면 근육 호흡량도 늘어납니다. 따라서 근육조직에 미오글로빈 수준이 높아져 고기가 더 갈색을 띠는 것입니다.

소들은 하루 종일 풀밭을 뛰어다니기 때문에 고기색이 온통 갈색이지만 게으른 돼지들의 살코기는 좀더 흰색을 띱니다.

> **동물과 식물 | 검은 것을 먹고 왜 흰 똥을?**
>
> 우리 지역에 사는 새들은 작고 검은 벌레를 즐겨 먹습니다. 그런데 하늘 아주 높은 곳에서 새들이 내 머리 위로 희고 눈에 확 띄는 것을 배설하는 것은 왜일까요?
>
> M. 로저스 영국, 노퍽 주, 그레이트호컴

_ 가이 콕스 오스트레일리아, 시드니 대학 새들이 떨어뜨리는 것을 대변이라고 생각하는 것은 우리가 흔히 갖는 오해입니다. 사실 그것은 오줌입니다. 새들은 요소가 아니라 요산을 배출합니다. 왜냐하면 요산은 불용성 고체이기 때문입니다. 이런 방법으로 새들은 배뇨할 때 물의 낭비를 피합니다. 힘과 체중의 비율을 양호하게 유지하기 위한 그들의 적응방식 가운데 하나일 뿐입니다.

_ 필립 고다드 (전자우편으로 보내주셨으며 주소는 없었습니다) 새들을 비롯해 많은 파충류들이 '떨어뜨리는' 흰색 물질은 소변입니다. 좀더 원시적인 척추동물들은 독성이 있는 질소성 '폐기물'을 비교적 직접적으로 배설하지만, 거기에는 암모니아 같은 물질들을 희석시킬 수 있는 상당한 양의 수분이 포함되어 있습니다. 하지만 새나 파충류(적어도 내가 흔히 배설물을 보게 되는 도마뱀과 뱀)는 다릅니다. 그것은 독성이 있는 질소성 폐기물이 전환된 비교적 불용성 물질처럼 보입니다. 밀가루 반죽처럼

생긴 그 물질을 만들어낸 것은 일종의 진화적 적응일 수 있습니다.

덕분에 그들은 수생동물에서 육상동물로 바뀌고 물이 충분치 못한 생태환경에서도 살아남을 수 있었습니다. 그런 환경에서 살아가기 위해서는 독성이 있는 폐기물을 묽게 해 체조직 밖으로 흘려보내는 데 필요한 여분의 물을 찾지 않아야 한다는 것이 중요합니다. 그래서 이 문제를 해결하기 위해 새와 도마뱀은 비교적 독성이 적은 요산으로 이루어진 반죽 형태의 불용성 물질을 만드는 식으로 진화했습니다. 흥미로운 사실은 히더(heather)를 먹는 들꿩이나 뇌조 같은 새들의 배설물은 다량의 식이섬유를 먹는 탓인지 기니피그의 똥과 무척이나 유사합니다.

_ 오너플러 토리아서스 _{아이슬란드, 레이캬비크} 이전에 답변을 주신 분들은 한 가지 사실을 빠뜨렸습니다. 그것은 난생동물과 관련된 내용입니다. 불용성 배설물의 진화는 '힘 대비 체중'의 비율이나 '물이 부족한 생태환경에서 사는' 능력과는 아무런 관계가 없습니다. 그렇게 진화한 것은 모든 조류와 파충류의 대부분이 알 속에서 생명을 시작하기 때문입니다. 성장하고 나서도 물에서 사는 펭귄이나 악어처럼 무거운 알을 낳는 양막류조차도 초기 단계에서는 껍질 안의 환경이 수용성 대사로 인해 독성의 피해를 입지 않을 방법을 강구하는 식으로 살아남습니다.

_ S. B. 테일러 _{영국, 켄트 주, 캔터베리} 새들은 아주 높은 곳에서만 그렇게 합니다.

왜냐하면 낮은 곳에서라면 목표물을 맞추는 일이 너무 쉽기 때문입니다. 맞춰보았자 아무런 성취감도 없겠죠. 배설물이 흰 것도 사실은 높은 곳에서 그것이 어디에 떨어져 무엇을 맞췄는지 쉽게 알아볼 수 있도록 하기 위해서랍니다.

동물과 식물 | 냄새만 맡으란 법은 없다

개들은 왜 코가 검은색인가요?

레이첼 물린(11세) 오스트레일리아, 퀸즐랜드 주, 유들로

_줄리아 에클라 미국, 펜실베이니아 주, 트래퍼드 개들은 대부분 코가 검지만 모두가 그런 것은 아닙니다. 비즐라나 바이마라너 같은 종들은 털색이 각각 붉은색과 은색인데, 코의 색과 털색이 동일합니다. 그리고 개의 코 색깔은 종에 관계없이 어른으로 커가면서 검게 변하는 것일 뿐 어린 강아지 시절에는 대부분 분홍빛을 띱니다. 제가 키우던 셰틀랜드종 암컷 양치기개는 평생을 두고 콧구멍 안쪽이 분홍색이었습니다.

단언컨대 개가 코를 검게 변색시킨 것은 햇빛으로부터 자신을 보호하기 위해서입니다. 코를 제외한 나머지 부위는 털가죽의 보호를 받지만 밝은 색 코는 태양빛에 무방비로 노출될 수밖에 없습니다. 코가 분홍색이거나 머리에 털이 없거나 귀가 가는 털로 덮인 개들은 사람이 때때로 그렇게 하듯 외출할 경우 태양빛을 차단해 자신을 보호해야 합니다. 안 그러면 개들도 우리와 똑같이 암에 걸리거나 화상을 입을 수 있습니다.

한마디 덧붙이자면, 애견 번식가들은 많은 품종 중에서 코의 색깔이 검은 개만을 골라 번식시켜왔습니다. 이것이 미적인 선호 이상은

아닐지라도 족보 있는 개들을 번식시키는 사람들에게 여전히 영향을 미치고 있습니다. 그리고 이러한 인간의 개입은 개의 진화가 검은 코 쪽으로 진행되는 데 이미 약간이나마 일조하고 있습니다.

_ 존 리치필드 남아프리카공화국, 서머싯웨스트 검은색 코의 가죽 표면에는 피부 색소인 멜라닌이 포함되어 있습니다. 특히 진한 갈색이나 검정색을 띠는 유멜라닌의 형태로 포함돼 있다는 것이 특징입니다. 멜라노사이트는 멜라닌을 생산하는 세포로서 피부 세포에 색소를 분비합니다. 색소는 태양빛과 반응해 빛깔이 더욱 짙어집니다. 피부 속 멜라닌은 세포 속 DNA를 태양 자외선으로부터 보호해 돌연변이를 막아줍니다.

> **동물과 식물 | 번갯불에 물고기 구워 먹기**
>
> 우리 옆집 아이가 제게 묻습니다. 번개가 수면을 내리치면 어떤 일이 벌어지느냐고. 물고기들이 다 죽습니까? 그리고 금속제 선박 탑승자들에게는 어떤 일이 벌어집니까?
>
> **크리스 쿠퍼** 영국, 베드퍼드셔 주, 켐프턴

**앤드루 헐리** 영국, 미들섹스 주, 애슈퍼드   번갯불 같은 전기 분출이 수면에 떨어지면 전기는 땅을 향해 온갖 방향으로 뻗어나갑니다.

그 결과 전기의 전도 효과에 의해 형성된 반구형 타원체는 번개로부터 얻은 힘을 발산시키며 단숨에 펄펄 끓는 도가니탕으로 변모합니다. 번개의 직격탄을 맞았거나 낙하지점 주변에 있던 물고기들이 죽거나 부상을 당하리라는 것은 말할 필요도 없습니다.

그러나 수천 도에 달하는 번개의 온도는 낙하지점 주변의 수분을 순식간에 증발시켜버립니다. 그 과정에서 발생한 충격파는 물고기의 해부학적 구조를 엉망진창으로 만들어놓기도 하고 저 멀리 반경 수십 미터 범위에 있던 잠수부들의 고막을 터뜨려놓기도 합니다.

첫번째 충격이 감지될 만한 거리에 있던 금속제 선박의 탑승원이라면 1분도 지나지 않아 극심한 충격을 연속적으로 경험하게 됩니다. 그뿐만이 아닙니다. 금속 선체는 물보다 전기 전도율이 뛰어납니다.

따라서 번개는 물보다 배로 전도되기 더 쉽습니다.

_ **에릭 길리스** 영국, 글래스고 대학교 번개가 내려칠 때 가장 안전한 곳은 전도체 내부입니다. 따라서 금속제 선박이나 (자신은 물고기라고 상상하며) 물속으로 피신하는 게 상책입니다.

지난 세기 물리학자 마이클 페러데이는 전도체 내에는 전기장이 없다는 사실을 밝혔습니다. 그것을 증명하기 위해 페러데이는 그물 새장에 기어들어가 새장 전체에 인공 번개를 치게 했습니다. 그가 상처 하나 없이 새장 밖으로 나오자 놀라지 않는 사람이 없었습니다.

동물과 식물 | **물고기들의 대탈주**

최근 한 생명의 죽음을 경험한 저희는 한 가지 궁금증이 생겼습니다. 물고기들은 왜 어항 밖으로 뛰쳐나가는 겁니까?

— **로완 화이트와 비키** 영국, 노위치, 이스트앵글리아 대학교

_ **R. 로젠베리** 스웨덴, 스톡홀름   물고기들의 어항 탈출은 물고기 애호가들이 다반사로 경험하는 사건입니다. 그래서 어떤 물고기 주인들은 어항에 유리 지붕을 씌워놓기도 합니다. 물고기들이 어항 밖으로 탈출하는 이유에 대해서는 몇 가지 가설이 있습니다. 그중 하나는 물고기들이 수면 밖으로 도약하는 것이 체외 기생충을 떨쳐내려는, 야생에서의 습성 때문이라는 것입니다. 어항에 기르던 물고기의 암수 성비나 종류별 숫자에 대한 설명이 없어 확실치는 않지만, 물고기가 포식자를 피하거나 다른 물고기와의 동거를 견디다 못해 그랬을지도 모릅니다. 심지어는 우리가 아직 모르는 어떤 구애 내지는 영역 보호를 위한 의식으로서 동족 물고기들을 향한 과시 행위였을지도 모릅니다. 그나저나 상심이 크실 텐데, 심심한 애도의 말씀을 올립니다.

_ **존 채프먼** 오스트레일리아, 웨스턴오스트레일리아, 노스퍼스   어항 속의 물고기에게는 어항 밖에 있는 공기가 물처럼 보입니다. 그리고 물고기 눈에는 밖에 있는 물이 더 깨끗해 보입니다.

동물과 식물 | 날개 없이 날기

날치들이 나는 이유는 무엇입니까? 포식자를 따돌리기 위해섭니까, 날벌레들을 잡아먹기 위해섭니까, 아니면 헤엄치는 것보다 그 편이 더 효율적이어서 그런 겁니까? 그런 것과는 전혀 다른 어떤 이유라도 있는 겁니까?

줄리안 카트라이트 에스파냐, 팔마데마요르카

**존 데이번포트** 영국, 스트래스클라이드 주, 밀포트, 런던-글래스고 대학 합동 해양생물학 연구소 날치는 포식자, 특히 헤엄 속도가 빠른 돌고래들을 피하기 위해서 난다는 것이 일반적인 정설입니다. 벌레를 잡아먹기 위해 나는 것이 아닙니다. 날치들은 대양에 널리 분포하지만 그렇게 넓은 바다에는 벌레들이 별로 없습니다.

힘을 아끼기 위해 난다는 설도 있습니다만(사실 활공하는 수준입니다. 날치에게는 날갯짓할 날개도 없습니다), 날치에게 수면 튀어오르기란 혐기성 백색근에 달린 꼬리를 분당 50~70회 비율로 움직여야 하는 격렬한 활동으로 에너지 사용 면에서도 매우 값비싼 대가를 치러야 한다는 점을 고려한다면 그럴 가능성은 희박해 보입니다.

각막의 일부가 평면을 이루는 날치의 눈에는 공중과 수면이 동시에 보입니다. 일부 증거에 의하면 날치들이 내릴 장소를 선택하는 것 같습니다. 즉 먹이가 부족한 장소에서 풍족한 장소로 이동하기 위해 난다는 것인데, 그것을 입증할 결정적 증거가 부족합니다.

날치가 나는 주목적은 포식자를 피하기 위해서라는 주장이 거의 정설인 것 같습니다. 선박이나 보트가 다가가면 많은 수가 도망쳐 날아가는 것만 봐도 알 수 있습니다. 위협을 느꼈기 때문 아니겠습니까.

_ **팀 하트** 에스파냐, 카나리아 제도, 라고메라 섬 날치는 나는 것이 아닙니다. 꼬리지느러미의 추진력을 이용해 물을 박차고 뛰어올라 공중을 활공할 뿐입니다. 날치는 대형 가슴지느러미를 엄청난 속도로 파닥여 장장 100미터에 달하는 거리를 이동합니다. 그같은 행동의 목적은 단 하나, 포식자를 뿌리치기 위해서입니다. 불현듯 나타나 무지갯빛 장관을 연출하는 날치들의 마술에만 너무 한눈팔지 마시기 바랍니다. 적잖은 경우, 수면 바로 아래에서는 날치들을 다 잡아먹고도 남을 정도로 수많은 물고기들이 녀석들을 바짝 뒤쫓고 있는 중이기 때문입니다.

_ **돈 스미스** 영국, 케임브리지 저는 날치 무리들이 다랑어 떼의 습격을 피해 한꺼번에 공중으로 날아오른 지 몇 분도 안 돼 이번에는 다랑어 떼가 저녁 식사거리를 찾는 돌고래들에 쫓겨 유사한 공중곡예를 펼치는 모습을 목격한 적도 있습니다.

원양 항해용 선박의 갑판을 거닐다 보면 색다른 아침 선물을 만나는 날이 있습니다. 물위로 솟구친 한 떼의 날치 무리가 햇빛에 물비늘을 튀기며 은쟁반처럼 빛나는 모습입니다. 아마도 그들은 포식자들을 떼어놓기 위해(선박도 포식자로 오인해) 본능적으로 뛰어오른 것이겠지만, 갑판에 야간 착륙하는 것을 보면 밤눈은 어두운 모양입니다. 낮에는 갑판에 착륙하는 일이 거의 없습니다. 녀석들이 배의 조종실로 뛰어들어 별을 관측하던 조타수의 옆통수를 강타할 때는 정말 간담이 서늘합니다.

동물과 식물 | 호박벌은 진짜로 나는 걸까

제 여자 친구는 호박벌이 나는 방법을 설명하는 것은 불가능하다고 말합니다. 아무리 생각해도 물리법칙에 들어맞지 않는다는 것이죠. 제 여자 친구의 말이 사실인가요?

토르비에른 솔바켄 노르웨이

_ 사이먼 스칼리 영국, 런던 날지 않는 호박벌이라는 악명 높은 문제는 근삿값의 존재를 무시하는 고전적인 예 중 하나입니다. 이것은 누군가가 항공학의 기본공식을 벌의 비행에 적용시키려던 중에 나온 것입니다. 물체가 나는 데 필요한 추진력에 관한 그 공식은 날개의 질량과 표면적 비율에 의해 성립됩니다. 벌의 경우 이 값이 극도로 높습니다. 이 정도로 작은 동물이라면 도저히 날 수 없을 정도의 비율입니다. 그래서 그 공식을 따르는 한 벌은 절대로 날 수 없음이 증명될 수밖에 없습니다. 하지만 그 공식은 날갯짓을 하는 상태가 아니라 정지 상태를 가정한 것입니다. 따라서 이 경우에 적용하는 것은 문제가 있습니다. 물론 공식이 물리학에 들어맞지 않더라도 경험적인 관찰은 항상 가능합니다. 만약 벌이 나는 것처럼 보인다면 실제로도 난다고 여기는 것이 대체로 맞을 것입니다.

동물과 식물 | 독버섯이 뿔났다

제가 사는 곳 근처에 있는 독버섯들은 포장도로를 뚫고 자랍니다. 도로인지 독버섯 밭인지 분간이 안 될 정도입니다. 힘도 없고 물렁한 놈들이 무슨 수로 손가락 두 마디 두께나 되는 아스팔트를 뚫고 나오는 겁니까?

존 프랭클린 영국, 런던

_ 그레이엄 굿데이 영국, 애버딘 대학교 아스팔트를 헤치고 나왔다고 하는 독버섯들은 아마도 먹물버섯속에 속하는 버섯의 일종일 것입니다. 녀석들은 땅속에서 식물 찌꺼기를 먹고 자랍니다. 그들이 위로 자라날 수 있는 것은 몸통 줄기가 수직 압력펌프처럼 작용하기 때문입니다.

위로 밀어올리는 압력은 버섯의 허술한 몸통 외벽을 이루는 개별 세포들의 팽압에서 비롯됩니다. 개별 세포들은 새로 만든 세포벽 물질을 일제히 세로 방향으로 쌓아올리면서 기둥줄기로 성장합니다. 세포를 구성하는 주성분은 세포의 축을 돌아 감고 있는 키틴질로서, 속이 빈 섬유구조를 이룹니다. 키틴질 섬유는 기저 물질과 단단히 결합돼 세포벽 물질을 마치 탄소섬유 합성물처럼 만들어놓습니다. 키틴질은 예외적으로 강인한 생체고분자로서(곤충들의 외골격에도 사용됩니다) 버섯과 같은 균류의 세포벽에 막강한 수평내력을 부여하여, 내부의 압력이 오로지 기둥줄기 방향으로만 작용하게 합니다. 삼투압에 의해 세포에 수분이 흡수되면 팽압이 수직력으로 작용하여 버섯이 아스팔트를 뚫고 나오는 것입니다.

75년 전 그같은 현상을 처음 연구하던 레지널드 불러는 유리관 내부에서 늘어난 버섯을 대상으로 하중에 따른 양력을 측정했습니다. 그의 계산에 따르면 위로 밀어올리는 힘의 크기는 기압의 3분의 2였습니다.

버섯 세포들은 중력감지장치를 가지고 있어 정확히 수직 방향으로 자랍니다. 눌러 구부러트려도 버섯은 어느새 방향을 틀어 수직으로 자랍니다.

_ 리처드 스크레이즈 영국, 서머싯 주, 배스, 버섯 재배업자 근육질 버섯들에게 손가락 두 마디짜리 아스팔트쯤은 아무것도 아닙니다. 베이징스토크딘에서 발견된 원통머리 모양의 대형 먹물버섯은 대략 48시간 만에 75센티미터로 성장하는 과정에서, 60센티미터 두께의 포장도로를 뚫고 4센티미터나 더 자랐습니다.

옛날에는 적잖은 버섯들이 주물공장에서 서식했습니다. 주물 제작용 진흙 반죽을 만드는 데 쓰는 두엄에서 자라난 버섯들이었을 겁니다. 버섯이 쇳덩이로 만든 주물을 들어올렸다는 이야기가 심심찮게 전해집니다. 그것은 짐작컨대 주름버섯 같은 야생버섯류들의 소행이 아니었을까 합니다. 그 종류야 어쨌든, 이른바 수압에 의해 괴력을 발휘하는 방식에는 별 다른 차이가 없습니다.

불러가 발견한 바대로, 연약해 보이는 말똥먹물버섯은 5밀리미터 굵기의 줄기 하나에서 거의 250그램에 달하는 힘을 발휘합니다. 따라서 그보다 더 힘센 버섯들이 아스팔트 포장을 뚫고 나온다고 해서 놀라실 것 없습니다.

> 동물과 식물 | **양들의 침묵**
>
> 왜 양들은 항상 자동차의 앞길을 가로막고 직선으로 달리는 겁니까? 옆으로 비켜주면 좋을 텐데요.
> —
> **알레드 원 존스** 영국, 케임브리지

_ **크리스틴 워먼** 영국, 랭커셔 주, 클리서러 양을 비롯해 여러 동물들이 자동차의 앞에서 달리는 데는 이유가 있습니다. 그들은 자동차가 양 옆의 초록빛 언덕길로 올라가지 않는다는 사실을 깨닫지 못하기 때문입니다. 양들은 대대로 늑대나 큰 고양잇과 동물들의 먹잇감이었습니다. 어떤 동물이 포식자 몇 미터 앞에서 옆으로 방향을 튼다고 생각해보십시오. 추격 중이던 포식자는 상황을 파악하고는 당장 진로를 바꿔 옆구리를 훤히 드러낸 먹잇감을 손쉽게 낚아챌 것입니다.

그러나 만약 먹잇감이 마지막 순간에 가서야 몸을 튼다면 결과는 달라집니다. 산토끼야말로 그런 전략의 귀재입니다. 그레이하운드 사냥개한테 뒤꽁무니를 물리려는 순간, 산토끼가 몸을 틀어버리면 사냥개는 내처 달리거나 다행스럽게도 고꾸라지며 나가떨어집니다.

접근하는 자동차를 향한 양이나 산토끼들의 본능적인 반응은 적어도 고슴도치가 보이는 부적응 행동과는 다릅니다.

_ G. 카사니자 _{호주, 시드니} 초식동물들은 대개 옆구리까지 따라붙은 육식동물들에게 목덜미를 잡혀 죽습니다. 따라서 초식동물들은 항상 잠재적 위험성을 지닌 존재보다 앞서 달리기 위해 필사적입니다. 그래야만 추월당하기 직전 몸을 틀어 포식자를 따돌릴 수 있기 때문입니다. 캥거루도 마찬가지입니다. 녀석들은 곁에 자동차가 다가오면 차도로 뛰어들어 앞장서 달리려 하는데 그것 역시 어떻게든 자동차를 등지고 달리려는 목적 때문입니다. 그러다 종종 자동차에 깔려 죽기도 합니다. 자동차가 등 뒤에서 쫓아오는 한, 양들은 길을 비켜주기는커녕 한사코 더 빨리 달리려고만 할 것입니다.

_ 윌리엄 포프 _{영국, 노샘프턴셔 주, 토체스터} 양들을 너무 과소평가하시는군요. 양들이 무조건 앞만 보고 달리는 것은 아닙니다. 똑바로 달리다가는 옆으로 순식간에 방향을 바꿉니다. 그들이 멍청해서가 아닙니다. 양들은 아주 논리적입니다. 양들이 도로를 점령하는 일은 주로 지방에서 일어납니다. 지방의 구불구불한 도로길 양편은 온통 가파른 풀밭, 절벽, 방벽, 울타리, 도랑들뿐이기 때문입니다. 양들은 잘 알고 있습니다. 평지에서 자동차들을 몰아내지 못한다면 아무리 기다려도 자신들이 언덕에 오를 기회는 찾아오지 않는다는 사실을. 그래서 그들은 도로로 내려가 자동차를 추월하려는 것입니다.

그런 일이 일어나면 이제 자동차의 속도는 느려집니다. 그리고 양들이 생각하기에 길 한편에서 출현한 장애물로 인해 차량들의 속도가

독 자 카 드

❶ 구입한 책 제목은?
>>>>

❷ 이 책을 읽고 난 느낌과 의견을 적는다면?
>>>>

❸ 이 책을 구입하게 된 동기는?
>> 신문기사 : □조선일보 □중앙일보 □동아일보 □한국일보 □한겨레신문 □기타(   )
>> 신문광고 : □조선일보 □중앙일보 □동아일보 □한국일보 □한겨레신문 □기타(   )
>> TV, 라디오 - 어떤 프로그램:
>> 잡지, 사보 등의 신간 안내 - 어떤 간행물:
>> 인터넷 사이트의 신간 안내 - 어떤 사이트:
>> 서점에서(표지, 제목, 내용이) 눈에 띄어서
>> (로 부터)의 권유 또는 선물
>> 그 밖의 동기 :

❹ 자주 이용하는 서점은?
>>>>

❺ 즐겨 읽는 책의 분야는? >> □역사 □문화 □인문 □과학 □미술 □음악 □국내문학
                    □외국문학 □실용 □기타(   )

❻ 최근 읽은 책 중 가장 기억에 남거나 권하고 싶은 책은?
>>>>

❼ 좋아하는 국내외의 저자(작가)와 저서(작품)는?
>>>>

❽ 구독하고 있는 신문, 잡지, 즐겨 가는 인터넷 사이트는?
>>>>

❾ 이마고에서 나왔으면 좋겠다고 생각하는 책과 이마고에 하고 싶은 말은?
>>>>

● 이마고 문자메시지(SMS) 수신 ■ 동의 ■ 거부   ● 이마고 소식지 이메일 수신 ■ 동의 ■ 거부

우편엽서

우편요금
수취인 후납 부담

20080210-20100209

서울마포우체국
승인 제40092호

세 상 을 · 이 롭 게 · 하 는 · 책 |이마고|

www.imagobook.co.kr
서울시 마포구 서교동 408-18 스페이스빌딩 5층 | TEL 02-337-5660
FAX 02-337-5501 | E-mail imagopub@chol.com

121-840

보 내 는 사 람

이름　　　　　성별

출생연도　　　직업

주소

우편번호

전화　　　　　E-mail

충분히 떨어졌다고 판단되면 그들은 그제야 비로소 옆으로 방향을 틉니다. 거의 매번 그같은 작전으로 톡톡한 재미를 본 경험이 있기 때문에 양들이 그런 행동을 서슴지 않는 것입니다. (어지간한 차들은 도로를 벗어나 양들을 쫓아오지 않습니다.) 이상 양의 논리에 따른 증명 끝.

　단언하건대 양은 도로에서 안전하려면 어떤 행동을 취해야 하는지를 인간보다 훨씬 더 잘 알고 있습니다. 우리는 달려오는 차를 이겨보려는 시도조차 거의 하지 않습니다. 우리는 도로 한편으로 신속히 대피할 뿐입니다. 양보다 사람이 더 많이 차에 치어 죽는다는 사실을 생각해보십시오. 우리는 양들의 논리에서 배울 점이 많다는 결론에 도달하게 됩니다.

_ 에리크 뎃케르 　덴마크, 틸레, 국립축산연구소　양은 상대의 심리를 본능적으로 이해하는 능력을 지닌 영리한 동물입니다. '내 앞으로 뛰어드는 바람에 나로서도 어쩔 수 없었다.'라는 핑계를 빌미로 우발적인 동물 살해를 즐기는 자들도 있지만, 대부분의 운전자들은 일부러 사고를 낼 정도로 악질적이지는 않다는 사실을 아는 것입니다. 따라서 양들로선 옆으로 방향을 틀기보다는 똑바로 달리는 편이 확실히 더 유리합니다.

시시콜콜 궁금증?

2. 가정과 생활

가정과 생활 | 숫자판의 수수께끼

왜 계산기나 숫자판은 작은 숫자가 맨 아래에 배열돼 있습니까? 우리는 대개 위에서 아래로 읽는 데도 말입니다. 또 있습니다. 정반대로, 전화기의 숫자판은 왜 작은 숫자가 맨 위에 배열돼 있는 겁니까?

M. D. 벅슨 영국, 하트퍼드셔 주, 비숍스스토퍼드

_ 니코 반 새머런 영국, 케임브리지

회전 톱니바퀴를 기초로 설계된 기계식 계산기에는 항상 0단추와 1단추가 인접해 있습니다. 과거 대부분의 기계식 계산기에 나타나는 아래부터 올라가는 숫자 배열은 단추보다 톱니바퀴에 달린 손잡이를 쓸 일이 더 많았던 시대의 관행이 남긴 유산인 셈입니다. 그같은 유산이 컴퓨터 시대에도 계승돼, 키보드 우측의 숫자판에 계산기와 똑같이 3×3 격자구조로 숫자가 배열된 것입니다.

회전식 전화기 다이얼에서 0이 9 다음에 나오는 것은 전화번호의 0이 10번의 펄스 신호로 번호가 인식되기 때문입니다. 전화기에 격자구조의 누름단추를 도입하면서 기존의 전화기 다이얼을 답습해 단추를 배열한 것입니다.

가정과 생활 | 주전자 교향곡

주전자에선 왜 소리가 나죠? 처음에는 높았던 소리가 서서히 사라질 만하면 다시 처음처럼 낮은 주파수의 소리를 내는 이유는 무엇인가요?

돈 먼로 오스트레일리아, 뉴사우스웨일스 주, 뉴캐슬 대학교

_ 로저 커지 영국, 이스트서식스 주, 너틀리 전기주전자 뚜껑을 열어놓고 전원을 넣으시면 어떤 일이 일어나는지 알 수 있습니다. 얼마 안 있어 전열선이 지름 약 1밀리미터 정도의 작은 은색 기포들로 뒤덮입니다. 그것들은 전열선에 의해 가열된 용액에서 밀려나온 공기 기포들입니다. 전열선 표면의 거칠거칠한 부분에 붙은 기포들은 어느 정도 성장하면 전열선을 떠나 표면으로 상승합니다. 그런 공기 기포들은 소리없이 만들어졌다 파열됩니다. 따라서 그것은 결코 주전자 소리의 원인이 아닙니다.

약 1분 정도 지나면, 공기 기포들은 사라지고 더 작은 기포들이 무수히 나타납니다. 전열선 표면의 성장핵에 붙어 있던 과가열 증기 기포들입니다. 몇 분 후, 그같은 1차 증기 기포들은 불안정해집니다. 각 기포들이 형성되는 과정에서 발생한 부력은 그들을 뜨거운 수면 밖으로 밀어냅니다. 아직 끓는점에 도달하지 못한 물속에서 1차 증기 기포들은 갑자기 응축되면서 내파됩니다. 흥미롭게도 거품은 완전히 소

2. 가정과 생활 53

멸되지 않습니다. 다만 미세한 2차 기포를 남기며 사라질 뿐입니다. 그것들은 대개 수증기 거품인데, 갑작스런 응축 없이 대류작용에 의해 선회하게 됩니다. 곧이어 2차 거품들이 구름덩어리처럼 떠다니면서 물은 30여 초가 지나면서 뿌옇게 흐려지기 시작합니다.

한편 1차 거품들이 내파되며 물을 통해 전달된 충격파는 지글거리는 소리를 일으킵니다. 그 소리를 더 분명하게 듣고 싶다면 주전자 뚜껑을 닫으십시오. 곧 2차 기포의 구름은 투명해지며, 열선 주변에서 여전히 생성 중인 1차 증기 기포들은 대부분 크기가 증가합니다. 기포들이 갑자기 내파되는 일은 더 이상 일어나지 않습니다. 이제 주전자 속의 물은 명실상부하게 끓고 있습니다. 따라서 소음도 희미해집니다. 크기가 성장함에 따라 부력을 얻은 1차 기포들은 줄지어 전열선의 표면에서 분리되어 1센티미터가량 떠올라 찬물에 응축됩니다.

몇 초 안 있어 물이 더 뜨거워지면 1차 기포들은 열선을 완전히 떠나 수면에 다다릅니다. 이제 우리 귀에도 다시 소리가 들리기 시작합니다. 낮게 부글거리는 그 소리는 수면 위 공동에서 1차 기포들이 터지는 소리입니다.

> 가정과 생활 | 거울과의 악수
>
> **왜 거울을 보면 좌우는 바뀌는데 아래 위로는 뒤집히지 않나요?**
>
> **키쇼 바그와티** 스위스, 로잔

_**힐러리 존슨** 영국, 우스터셔 주, 몰번 거울에 맺힌 상은 좌우가 역전된 것이 아닙니다. 거울은 대상을 앞뒤로 역전시켜놓을 따름입니다. 거울을 마주보고 서십시오. 한쪽 방향을 가리켜보세요. 나도 거울도 같은 방향을 가리킵니다. 정면을 가리켜보세요. 거울은 맞은편에서 당신을 가리킵니다. 위를 가리켜 보세요. 역시 같은 방향을 가리킵니다. 이제 거울을 향해 옆으로 선 다음, 같은 일을 반복해 보십시오. 이 상태에서 팔을 옆으로 들면 실제 내가 가리키는 방향과 거울 속의 상이 가리키는 방향은 반대가 됩니다. 이번에는 거울을 바닥에 놓고 그 위에 올라서십시오. 그 상태에서 손을 들어 위를 가리키면, 거울 속의 역전된 상은 아래쪽을 가리킵니다. 이 모든 경우에서 방향은 당신이 거울 쪽을 가리키느냐 거울의 반대쪽을 가리키느냐에 따라서만 방향이 역전됩니다.

_**피터 러셀** 영국, 런던 반사와 회전은 다릅니다. 그것을 아셔야 이해가 빠릅니다. 우리 몸은 좌우가 뚜렷한 대칭을 이룹니다. 따라서 우리는 반사

를 세로축에 대한 회전 대칭으로 착각하기 쉽습니다. 우리는 거울 앞의 세계가 거울을 중심으로 180도 회전해 우리 눈에 보이는 것이라고 상상합니다. 그렇게 회전해도 우리의 머리와 발은 우리가 예상하는 대로 제 위치에 있습니다. 그러나 우리 몸의 좌우측이 뒤바뀌어 반사된다는 것이 문제입니다.

그러나 한번 다르게 상상해보십시오. 거울을 가로지르는 축을 중심으로 세상이 회전했다고 상상해봅시다. 그러면 물구나무를 선 세상이 펼쳐지지만 우리 몸의 좌우측은 그대로입니다. 거울 속 모습이 아래위로 뒤집혀 보이기는 해도 좌우는 변함없습니다.

따라서 좌우가 뒤바뀌어 보이느냐 위아래가 뒤집혀 보이느냐, 아니면 아예 어떤 임의의 축을 따라 어떻게 역전돼 보이느냐는 우리가 무의식적으로(그리고 잘못 알고) 어떤 축을 중심으로 세상을 회전시켰느냐에 따라 결정됩니다.

바닥에 누워 정면의 거울을 응시하면 우리는 두 가지 효과를 동시에 경험하게 됩니다. 방 안이 세로축을 중심으로 좌우가 뒤바뀌어 보이는데도 우리는 머리에서 발로 가로지르는 가로축을 중심으로 좌우가 뒤바뀌어 있는 것처럼 느껴집니다.

_앨런 하딩 영국, 에식스 주, 스탠스테드 사실 거울은 아무것도 뒤바꾸어놓지 않습니다. 얼굴을 거울에 비쳐보십시오. 왼쪽은 왼쪽에, 오른쪽은 오른쪽에 보입니다.

이제 거울을 치우고, 다른 사람의 얼굴을 보십시오. 이제야 뒤바뀝니다. 다른 사람을 보려면 몸을 돌려야 하기 때문입니다. 상대방의 오른쪽이 우리의 왼쪽에 있습니다. 그들이 거꾸로 섰다 해도 얼마든지 돌아서서 우리를 볼 수 있습니다. 그런 경우에는 그들의 왼쪽이 우리의 왼쪽입니다. 다만 이제 정수리가 바닥에 있다는 점만이 다를 뿐입니다. 그러나 우리는 그런 수고를 하기 싫어합니다.

한 가지 실험을 해봅시다. 종이에 단어를 쓴 다음 거울을 향해 들어보십시오. 여러분은 자기도 모르게 종이를 세로축 방향으로 회전시켰지 않습니까. 그러니 거울에선 왼쪽이 오른쪽으로 뒤바뀌어 보이는 겁니다. 거울에 비친 모습을 뒤바꾸는 원흉은 그런 회전이지 거울이 아닙니다.

또 다시 실험을 해봅시다. 거울을 향해 종이를 들어보십시오. 어떻습니까? 이번에는 종이를 가로축 방향으로 회전시키셨죠. 글자의 상하가 뒤집혀 있을 겁니다.

_ 데이비드 싱어 미국, 캘리포니아 주, 샌프란시스코 그런 문제가 일어나는 이유는 우리가 거울에 비친 모습을 머릿속에 그려보기 때문입니다. 우리는 상상 속에서 회전목마를 타고 반 바퀴를 돌아 어딘가에 내립니다. 그곳이 바로 거울 속입니다. 그곳에서 우리는 어떤 모습을 보게 됩니다. 거울에 비친 우리의 머리와 발은 제자리에 있지만 좌우는 뒤바뀌어 있습니다.

만약 회전목마가 아니라 페리스 관람차에 올라타 안전띠를 맸다고 상상한다면 결과는 전혀 달라집니다. 관람차가 반 바퀴 돌아가도 거울에 비친 모습에서 좌우는 똑바로입니다. 위아래만 뒤집혔을 뿐입니다.

문제는 우리가 그같은 실험을 하는 데 회전이란 잘못된 비유를 사용했다는 것입니다. 사실 거울은 앞뒤 방향으로 반사합니다. 그것은 우리 몸에 익숙지 않은 어려운 일이기 때문에 우리는 그 대신 회전을 상상하는 것입니다. 일반적으로 우리는 위아래 방향만은 바꾸지 않기를 바랍니다. 따라서 우리는 왼쪽이 오른쪽으로 뒤바뀐 거울 속의 모습을 보는 것입니다. 우리가 원하기만 한다면 얼마든지 위아래를 뒤집어볼 수도 있는데 말입니다.

> 가정과 생활 | **순간접착제의 비밀**
>
> **순간접착제는 왜 용기 안쪽에 들러붙지 않습니까?**
> —
> **아짓 베서드번** 영국, 옥스퍼드

_ **이본 애덤** 영국, 레스터 주, 보스틱 사   순간접착제가 튜브의 안쪽에 달라붙지 않는 것은 튜브 안에 공기의 형태로 산소가 들어가 있어 수분을 쫓아내기 때문입니다. 산소는 물의 촉매작용을 방해합니다.

_ **브라이언 굿리프** 영국, 웨스트요크셔 주, 웨더비   순간접착제가 튜브의 안쪽에 달라붙지 않는 것은 원료인 시아노아크릴산염 단위체 때문입니다. 이 성분은 중합되려면 물의 형태를 띤 습기나 여타 활성 수소 화합물이 있어야 합니다.

 순간접착제를 줄을 긋듯 표면에 얇게 바를 때 물체가 더 잘 붙는 이유는 바로 이 때문입니다. 접착제를 지나치게 두껍게 바르면 물체가 잘 붙지 않습니다. 이렇듯 습기에 민감하다는 것은 다음 두 가지를 설명해줍니다. 첫째, 용기의 뚜껑에도 접착제를 사용하면 좀더 밀봉이 잘 될 텐데 실제로는 그렇게 하지 않습니다. 둘째, 접착제가 흘러내려 피부에 묻었을 때는 아주 잘 붙습니다. 피부는 따뜻하고 수분이 많아

접착제에게는 최고의 기질입니다.

_ E. 배러클러프 _{영국, 콘월 주, 오터럼} 미국의 록타이트 사는 산소가 시아노아크릴산염의 빠른 중합을 방해하는 것을 발견했습니다. 용기 내부에 항상 많은 공기를 남겨두어야 하는 것은 그 때문입니다. 액체 상태의 단위체가 고체 사태의 중합체로 변화하는 것은 두 물체의 표면이 꽉 달라붙으면서 산소를 쫓아내기 때문입니다.

가정과 생활 | **끈적끈적한 속도**

왜 접착테이프는 빨리 당기면(초당 10밀리미터 속도) 색깔이 아주 투명한데 천천히 당기면(초당 1밀리미터 속도) 색깔이 불투명해집니까? 테이프를 빨리 잡아당기다가도 몇 초간 멈추면 그 멈춘 부분의 색깔이 불투명하게 변색됩니다. 누구 대답해주실 분?

데이비드 홀랜드 영국, 도싯 주, 브로드스톤

_ **스티븐 핸콕** 영국, 체셔 주, 스톡포트 빨리 당기느냐, 천천히 당기느냐에 따라 테이프의 색이 달라지는 이유는 테이프의 접착제 층이 가해지는 힘에 따라 다르게 반응하기 때문입니다. 테이프를 느리게 잡아당기면 점착물이 반응해 테이프의 두 조각 사이에 길게 늘어난 분자 사슬이 생기는데, 그것이 끊어져 테이프 위에 붙으면 불투명하고 보풀보풀한 표면이 형성됩니다. 이러한 분자 사슬은 맨눈이나 돋보기로도 볼 수 있습니다.

그같은 차이는 접착제를 형성하는 고분자의 점탄성(粘彈性)에서 비롯됩니다. 접착제는 점액질 성분으로 당밀과 동일한 물리적 속성을 갖습니다. 또한 탄력성 성분이 있어 철사 형태의 금속처럼 고체의 성격을 띠기도 합니다. 당밀은 잡아 늘여도 거의 찢어질 때까지 긴 사슬을 형성하지만, 철사는 상대적으로 신장력이 약하기 때문에 잡아당기면 끊어집니다. 느린 속도로 잡아당길 때는 당밀과 같은 방식으로 늘어나지만 빠른 속도로 잡아당길 때는 철사와 같은 방식으로 늘어나는 것입니다.

  결국 어떤 방식으로 늘어나느냐는 분자 수준에서 진행되는 완화 시간에 달려 있습니다. 분자의 운동이란 측면을 고려한다면 어떤 의미에서 시간이란 곧 온도를 의미합니다. 테이프를 냉동실에 넣어 차갑게 해보세요. 차가워진 테이프는 느린 속도로 잡아당겨도 투명한 영역이 아주 많이 생겨난답니다. 이것은 긴 분자 사슬이 충분히 풀릴 시간이 부족해서 점착물질이 연달아 부서지기 때문이지요.

가정과 생활 | 정전기 랩

비닐 랩은 매끄러운 유리나 세라믹 그릇에는 잘 붙으면서 금속제 그릇에는 왜 잘 붙지 않습니까?

팀 블룸필드 영국, 하트퍼드셔 주, 레치워스

_ 앨리스테어 해밀턴 (전자우편으로 보내주셨으며 주소는 없었습니다) 미국에서는 클링 랩이라고 불리는 비닐 랩의 그같은 성질은 롤에서 벗길 때 생기는 전하에서 비롯됩니다. 비닐 랩이 절연체에 달라붙는 것은 하전되지 않은 종잇조각이 컴퓨터 모니터나 텔레비전 화면에 달라붙는 것과 같은 원리입니다.

그러한 현상은 랩과 거기에 달라붙는 대상의 전위가 실제로 다르기 때문에 일어납니다. 그러기 위해서는 대상물이 절연체여야 합니다. 대상이 금속인 경우에는 랩에 걸리는 전하가 대상물 전체로 퍼져나가기 때문에 효과가 상쇄됩니다. 롤에서 떼어낸 지 오래된 랩은 잘 붙지 않습니다. 시간이 지나 전하가 사라지면 들러붙는 힘이 사라지기 때문입니다.

_ 제프리 웰스 (전자우편으로 보내주셨으며 주소는 없었습니다) 비닐 랩은 롤에서 벗겨낼 때 정전기로 하전됩니다. 이것은 랩을 조금 벗겨 얼굴 근처에 대보면 잘 알 수 있습니다. 뺨에 있는 솜털이 일어서는 것을 느끼실 수 있을 것입니

다. 금속은 정전기를 소모시키지만, 유리(혹은 플라스틱)는 표면에 정전기를 받아들입니다. 정전기가 크면 클수록 들러붙는 힘도 더 커집니다.

> **가정과 생활 | 시작이 반**
>
> 전구의 필라멘트는 왜 하필 스위치를 켤 때만 터지나요? 저녁에 오래 켜두어 한창 뜨겁고 밝게 작동하던 중에는 그러는 법이 없지 않습니까.
>
> — 앨런 스태튼 영국, 콘월 주, 세인트아이브스

_ 로버트 시니어 영국, 러틀랜드 주, 어핑엄 전구에 불이 들어오는 순간 가느다란 필라멘트에는 세 종류의 충격이 가해집니다.

금속 필라멘트의 저항은 온도와 함께 올라갑니다. 스위치를 올리는 순간, 저항이 평소 작동 수준의 10분의 1 이하로 낮아져 있는 필라멘트에는 정격전류의 10배도 넘는 시동전류가 밀려듭니다.

필라멘트의 일부가 조금이라도 얇아졌다면 그곳은 더 빨리 가열됩니다. 그같은 취약 부위는 저항 역시 더 큰 까닭에 더 많은 열을 발생시키며, 열 피로가 몇 배나 증가합니다.

그뿐만 아니라 필라멘트 코일에 상처가 생기면 코일은 전자석으로 돌변합니다. 그같은 자성에 의해 이웃한 코일 고리들이 연쇄적으로 편향 효과를 일으켜 시동전류의 서지(surge)는 얇고 가느다란 필라멘트에 극심한 기계적 충격을 가합니다.

따라서 전기 스위치를 올렸을 때 가느다란 필라멘트가 급사했다고 놀라실 것 없습니다.

_ 로스 H. 클레멘츠 ^{오스트레일리아, 뉴사우스웨일스 주, 노스내러빈} 상업용 전구의 텅스텐제 금속 필라멘트는 더 많은 전류가 흐를수록 더 많은 열을 냅니다. 전구에 불이 들어오면 필라멘트의 온도는 실온에서 고온의 백열 상태로 단숨에 상승합니다. 그같이 급격한 온도 변화는 필라멘트에 극심한 열 피로와 물리적 충격을 안깁니다. 스위치를 내려 전류가 끊겨도 따뜻한 전구의 내부에 있는 필라멘트는 전기가 들어왔을 때처럼 급격한 온도 변화를 일으키지 않습니다. 따라서 필라멘트는 불이 꺼져 식을 때보다는 불을 막 켰을 때 더 망가지기가 쉬운 것입니다.

_ W. 운루 ^{캐나다, 밴쿠버} 전구의 필라멘트가 불을 켜는 순간 끊어지는 이유는 바로 그 순간의 전류와 온도가 가장 높기 때문입니다. 전구가 식었을 때 전구의 저항을 측정해보면 정격저항에 비해 아주 낮다는 사실을 알 수 있습니다.

100와트 전구를 직접 측정해본 결과 차가울 때의 저항은 6옴에 불과했던 반면 뜨거울 때의 저항은 140옴에 달했습니다. 따라서 불이 들어오는 순간 발생하는 열과 전류가 압도적으로 더 높을 수밖에 없습니다. 그에 비하면 필라멘트가 정격온도에 도달하고 난 후의 열과 전기는 약과입니다. 그런 현상은 전구를 오래 사용해서 금속이 마모돼 필라멘트가 가늘어진 부위에서 특히 잘 일어납니다. 그같은 부위에 엄청난 시동전류가 흘러 정상적인 작동온도를 초과하는 열을 발생시키면 필라멘트는 녹아내립니다. 필라멘트에겐 출발이 더 고역이고,

열은 가늘어진 부분의 온도를 정상 작동 상태보다 훨씬 더 뜨겁게 달구어놓습니다.

_빌 매딜 영국, 버밍엄, 센트럴 잉글랜드 대학교 고온 전등이 빛을 내뿜을 수 있는 것은 내부의 텅스텐 철사 필라멘트가 섭씨 약 2500도의 온도로 가열되기 때문입니다. 그 정도 온도에 이르면 텅스텐 원자들은 철사 표면에서 기화하여 우리가 종종 확인하듯, 전등 유리의 안쪽 윗부분을 까맣게 그을려놓습니다. 오래 사용한 필라멘트일수록 굵기가 가는 것도 그런 이유 때문입니다.

필라멘트에 치명적인 열점이 생기는 이유는 두 가지입니다. 첫째, 텅스텐 코일 고리의 지름이 평균 이하로 줄어든 경우입니다. 그렇게 좁은 고리에선 원활한 열 방출이 이루어지지 않아 비정상적인 과열 현상이 발생합니다. 둘째, 코일의 일부 고리들이 양옆에 있는 고리들보다 미세하게 가늘어진 경우입니다. 이런 고리의 저항은 비정상적으로 높아집니다.

따라서 열점에서는 주위보다 열 발생률이 높아집니다. 게다가 가늘어진 부위의 적은 표면적 때문에 열 방출률은 감소하여 온도는 정상치를 더욱 웃돌 수밖에 없는 것입니다.

온도 상승에 따라 기화 수준은 기하급수적으로 상승합니다. 따라서 열점은 온도가 낮은 주변 부위보다 더 빨리 가늘어집니다. 더군다나 열점의 철사가 가늘어짐에 따라 증가하는 저항은 온도 상승을 더욱 부채질합니다. 따라서 온도는 지칠 줄 모르고 상승하고 철사 굵기는 무서운 기세로 가늘어집니다.

휴식 중인 필라멘트의 저항은 정상 작동시의 10분의 1에 불과합니다. 따라서 시동전류는 순간적으로 필라멘트에 10배나 강력한 충격을 가하는 셈입니다. 만약 열점이 생긴 철사의 지름이 너무 좁아졌다면 스위치를 켜는 순간 강한 전류에 의해 철사가 녹아버릴 수도 있습니다.

부서진 필라멘트의 양쪽 끝에는 작은 간극이 생김에 따라 방전이 생겨 불꽃이 일어나면서 간극이 메워지는 경우가 있습니다. 아크 방전은 필라멘트에 전류를 공급하는 도입선으로 뻗어나가기도 합니다. 그런 일이 발생하면 낮은 저항으로 인해 아크 방전은 전등 전체로 강한 전류를 흐르게 해 이번에는 퓨즈를 터뜨리거나 전류차단기를 튀어나오게 할 수도 있습니다. 그같은 아크 방전은 전구 내부에서 섬광처럼 보일 수도 있습니다.

가정과 생활 | 바스락! 바스락!

얇은 흰색 슈퍼마켓 비닐봉투의 바스락대는 소리는 누가 만들어내는 겁니까?

– 루시 버킨쇼 영국, 레스터

_ 존 리치필드 남아프리카공화국, 덴네식 누구긴 누구겠습니까. 대부분 우리들 자신입니다. 비닐봉투 스스로는 바스락대는 소음을 내지 않습니다. 우리가 이리저리 움직이는 바람에 딱딱한 물건과 접촉하거나 부딪쳐서 소리가 날 뿐입니다. 비닐봉투의 원재료인 미가공 폴리에틸렌 필름은 매끄럽고 낭창낭창하며 조용한 편입니다. 그것은 비닐보다 탄성이 높아서 외부의 충격을 금세 흡수합니다.

그러나 필름을 비닐봉투로 만들기 위해서는 비닐을 잡아 늘여야 합니다. 그래야 얇아져서 다루기에 편하고 값도 저렴해져서 무료로 제공할 수 있습니다. 이 과정에서 분자들이 더 뻣뻣한 얇은 판으로 배열됩니다. 모양도 좋고 내용물이 들여다보이지도 않게 하기 위해 제작자들은 충전물을 첨가하여, 더 딱딱한 색깔 비닐봉투를 만들어냅니다. 그 결과 비닐봉투들은 긁히고 접히고 구겨질 적마다 시끄러운 소리를 내게 되는 것입니다.

> **가정과 생활 | 누구의 냄새일까**
>
> **쓰레기통은 왜 내용물과 상관없이 똑같은 냄새를 풍깁니까?**
>
> **로드리 프로서** 영국, 에식스 주, 콜체스터

_ 캐리 오도넬 ^{영국, 하트퍼드셔 주, 웰린} 그것은 필시 쓰레기 속에서 유기물을 먹고사는 진균류와 박테리아들이 풍기는 냄새일 겁니다. 쓰레기통이 따뜻하고 눅눅한 곳에 있다면 냄새는 더욱 진동합니다. 냄새가 매번 똑같지는 않습니다. 냄새는 음식물 종류보다는 미생물이 어떤 종류냐에 따라 달라집니다. 오렌지 껍질에서 자라는 페니실린균이나 실험실에서 배양하는 페니실린균이나 아주 고약하고 독특한 냄새를 풍긴다는 점에서는 하등 다를 바가 없습니다.

가정에서 나오는 쓰레기들을 분석해보면 가래톳흑사병을 옮기는 페스트균 같은 병원성 박테리아들이 검출됩니다. 그러니 너무 열심히 킁킁거리지는 마십시오.

_ 스튜어트 레이븐홀 ^{영국, 버킹엄셔 주, 뉴포트 파그넬} 문제를 한참 고민하며 쓰레기를 들고 나가던 차에 쓰레기통 냄새가 똑같지 않다는 사실을 깨달았습니다. 동네 도둑고양이들은 쓰레기통 속에서도 음식물 봉투만을 골라 뜯습니다. 음식물이 없는 일반봉투는 건드리지도 않죠. 인간에겐 비

숫한 냄새지만 고양이들에겐 완전히 다른 냄새라는 뜻 아니겠습니까.

냄새가 비슷한 이유는 항상 비슷한 내용물이 담기기 때문입니다. 그러나 예를 들어 정원 쓰레기와 부엌 쓰레기 냄새가 같을 수는 없습니다. 침실 쓰레기 냄새야 더 말해 무엇하겠습니까.

가정과 생활 | 검은곰팡이를 박멸하라

욕실의 습한 장소에 군집을 이루며 피어나는 고약한 검은색 곰팡이의 정체는 무엇입니까? 곰팡이 제거제도 제대로 듣지 않는 것 같고 가정용표백제도, 합성세제도, 용매제도 효과가 없었습니다. 이 곰팡이를 없앨 좋은 방법을 추천해주실 수 있나요?

G. W. 그린 영국, 우스터셔 주, 맬번

_ 앤드루 필포츠 영국, 노섬벌랜드 주, 헥섬
지긋지긋한 검은 곰팡이의 정체는 아스페르길루스 니게르(검정곰팡이, *Aspergillus niger*)라는 진균류입니다. 박멸이 쉽지 않아 보이는 이유는 노출되어 눈에 보이는 검은 것이 사실은 대체로 버섯의 자실체를 구성하는 조직의 일부에 불과하기 때문입니다. 눈에 보이는 것들 외에도 그곳에는 벽지나 회반죽의 접착면에 균사들이 숨어서 접착면에 포함된 미네랄을 먹고 살고 있습니다.

따라서 이 곰팡이를 박멸하려면 눈에 보이는 것들을 물리적으로 반복해서 없애는 것뿐만 아니라 침투성 곰팡이 제거제를 접착면에 충분히 뿌려 눈에 보이지 않는 뿌리 조직을 죽일 필요가 있습니다. 채소밭에서 잡초를 제거할 때 눈에 보이는 부분만 제거해서는 아무런 소용이 없는 것과 같은 이유입니다.

_ 글린 데이비스 ^영국, 서리 주, 킹스턴^ 검정곰팡이는 우리나라의 지방 공영주택에서 늘 벌어지는 귀찮은 일의 근원입니다. 이것들은 강철제 창틀, 콘크리트를 바른 천장, 저수탱크의 벽체처럼 이슬이 끼기 쉬운 곳에 쉽게 나타납니다.

최근의 의학적 견해에 따르면 이 곰팡이들은 알레르기성 질병의 주요 원인이 될 뿐만 아니라 공기에 섞여 떠다니는 발암성 물질을 만들어내기 때문에 눈에 보이지 않는 이것들을 박멸하는 것은 건강에 아주 중요하다고 합니다.

저 역시 이 곰팡이들을 제거하기 위해 여러 가지 방법을 써보았습니다. 소금이나 표백제는 그다지 효과가 없었지만, 원예용품점에서 산 침투성 살충제로 여러 차례 씻어내는 방법을 써서 결국은 박멸에 성공했습니다. 하지만 이 방법은 살충제 자체가 곰팡이만큼이나 유해하기 때문에 안전한 해결책이라고는 할 수 없습니다.

_ 브라이언 플래니건 ^영국, 에든버러, 헤리엇-와트 대학교 생명과학부^ 앞에 나온 답변을 주신 분들은 검은색 곰팡이는 모두 아스페르길리스 니게르라고 너무 성급하게 가정하신 것 같습니다. 제가 일하는 연구소에서 스코틀랜드의 주택들을 조사했을 때, 그 곰팡이의 발생률은 비교적 낮았습니다.

욕실이나 습기 찬 벽에서 흔히 볼 수 있는 검은색 곰팡이는 주로 클라도스포리움, 아우레오바시디움, 포마, 울로클라디움 유의 종들입니다. 이들은 상당한 빈도로 발견됩니다. 심지어 녹색인 누룩곰팡이 속의 종들도 물에 젖으면 검게 보일 수 있습니다. 상황은 유럽 본토에서도 마찬가지입니다. 따라서 노섬벌랜드나 서리에서도 그다지 다를 것 같지 않습니다. 일반적인 영국의 욕실과 달리 아스페르길리스 니게르가 좋아하는 아열대나 열대성 실내 환경이라면 이야기는 달라질 것입니다.

  곰팡이 때문에 시달리는 스코틀랜드 주택의 약 15퍼센트에서 보이는 이 검은 곰팡이의 정체는 스타키보트리스 아이라(*Stachybotrys aira*)입니다. 벽지, 주트 산 카펫의 뒷면, 석고 보드의 마분지 커버 등은 습기가 들어차기 쉬운데다 이 곰팡이의 양분이 되는 셀룰로오스를 많이 포함하고 있기 때문에 곰팡이가 쉽게 피어납니다. 이러한 종류의 곰팡이가 낀 건물에 사는 주민들은 건강을 크게 상할 수도 있습니다. 공기를 통해 퍼져나가는 포자들은 알레르기를 유발할 뿐만 아니라 강력한 독성물질들까지 만들어냅니다. 그것들은 단백질의 합성을 방해하고 면역력을 약화시키며 내출혈을 유발시키기도 합니다.

  스타키보트리스에 오염된 사료를 먹고 말이 죽은 사례가 있으며 마사 관리인들에게도 유해하다는 사실은 잘 알려져 있습니다. 최근 이 곰팡이가 북아메리카에서 특별한 관심의 대상으로 떠올랐습니다. 성인들의 만성피로증후군에서 유아들의 심각한 폐혈철증 등의 사례들과 관련이 있다는 사실이 보고된 것입니다. 그 결과 이 문제는 이제 건설업자와 건축주들을 상대로 한 소송(총 4억 달러)이 벌어지는 사태로까지 발전했습니다.

_ **빌 크리스티** 영국, 이스트서식스 주, 페어라이트코브 핌리코에 있는 우리집 욕실 외벽에는 곰팡이가 심하게 피곤 했는데, 벽지를 벗겨보면 아래쪽 회반죽에까지 오염되어 있었습니다. 이 아스페르길루스 니게르를 없애기 위해 저는 과망간산칼륨결정체 성분의 진한 핑크빛 용제로 한 번에 확실하게 닦아냈습니다. 그러자 곰팡이가 다시는 끼지 않았습니다.

과망간산칼륨을 삼키면 유독하니 주의하시기 바랍니다. _ **편집자**

_ **패록 하시브** 영국, 런던 가정용 표백제로는 아스페르길루스 니게르가 만든 얼룩이 제거되지 않습니다. 하지만 황산아연을 물에 10퍼센트 풀어 스프레이로 뿌리거나 바르면, 이 황산아연 분자를 씻어내지 않는 한 곰팡이의 재발을 막을 수 있습니다.

> **가정과 생활 | 편지봉투 폭발사건**
>
> 얼마 전 어떤 접착봉투를 개봉하다가 접착풀에서 자줏빛 형광 현상이 일어나는 것을 목격했습니다. 잠깐 빛나다 사라졌는데 봉투를 다시 붙였다 뜯을 때 그런 현상이 또 나타날 수도 있습니다. 어떤 이유로 일어나는 현상입니까?
>
> **스튜어트 더기드** 영국, 에든버러

_폴 라이트 ^{맨 섬, 필} 그것은 화학발광 현상의 일종입니다. 접착면이 분리되려면 접착풀 분자 간의 인력을 깨뜨릴 에너지가 필요합니다.

접착면을 뜯는 힘이 풀 분자에 과도한 에너지를 공급하여 들뜬 상태로 밀어 올리지 않았을까 합니다. 풀 분자는 붕괴를 일으켜 표준상태로 돌아가는 과정에서 빛의 형태로 에너지를 방출합니다. 파장은 들뜬 상태와 바닥 상태 간의 에너지 차이에 의해 결정되고 파장에 의해 빛의 색깔이 결정됩니다. 님의 경우에는 자주색이었습니다.

빛(대개는 자외선)이 그보다 (가시스펙트럼상에서) 더 긴 파장에 흡수됐다 재방출된다는 점에서 화학발광은 형광 현상과는 다릅니다. 형광 현상은 '데이글로(형광 안료를 포함한 인쇄용 잉크의 상표명)' 색깔이나 밝은 청색을 띱니다. 나이트클럽에 흔한 자외선램프 근처에서 토닉워터를 마시고 있다 보면 여러분도 그 빛깔을 보실 수 있습니다.

_ 마이크 게이 ^{캐나다} 비슷한 현상이 전기절연테이프를 쓰는 도중에도 일어납니다. 저는 그것을 30년 전 석탄광산 폭발사고라는 우연한 계기를 통해 처음 알게 됐습니다. 사고 직전 전기 기술자들이 갱도로 내려갔습니다. 그들이 혹시나 절연테이프를 쓰면 어쩌나 싶어 책임자에게 절연테이프의 발화 위험성을 지적하는 글을 전했습니다. 그러나 돌아온 것은 그 정도 사실은 자신들도 알고 있지만 갱도의 메탄을 점화시켜 화재를 일으킬 만큼 위험하지는 않다는 답변뿐이었습니다.

_ P. 어빈 ^{영국, 워릭셔 주, 케닐워스} 님께서 말씀하신 발광 현상을 저도 경험했습니다. 제 경우에는 왕립화학학회 봉투였습니다. 가연성 물질이 가득한 환경에서 섬광이 나타나자 저는 기겁을 했습니다. 제가 익살맞게 학회를 향해 지적했듯 왕립화학학회 회원들은 메탄보다 점화 에너지가 적은 환경에서 봉투를 개봉하는 일이 많습니다.

적어도 접착라벨을 떼다가 일어났다는 점에서 본질적으로 점화 에너지와 연관된 폭발사고가 최근 한 건 있었습니다. 《브레데릭의 화학반응 위험물 편람》 후속판에 들어갈 '접착라벨(P. 톨슨, J. 일렉트로스트 외, 1993, 30, 149)' 항목을 참고하십시오. 어떤 작업자가 내구성 납축전지의 접착라벨을 떼어내는 순간 전지가 폭발했습니다. 연구에 의하면 그 경우 8킬로볼트 이상의 퍼텐셜이 발생할 수도 있습니다. 전지의 재충전으로 인해 생기는 수소/산소 상부공간을 통한 방전이 폭발의 원인이 될 수 있다고 합니다.

> 가정과 생활 | 뜨거운 물이 찬물보다 빨리 언다
>
> 뜨거운 물을 냉장고에 넣으면 차가운 물보다 빨리 언다던데 그것이 사실입니까? 만약 사실이라면 어째서 그런 겁니까?
>
> 이언 포페이 뉴질랜드, 해밀턴

이 질문은 『뉴사이언티스트』에서 오래전에 다뤘지만 만족할 만한 결론이 나오지 않았던 것입니다. 그래서 이번에는 직접 실험을 해보신 몇몇 분들의 답변에 근거해 문제에 접근해보고자 합니다. 우리의 직관적인 생각과 달리, 냉장고에서는 뜨거운 물이 더 빨리 어는 일이 실제로 일어나는 것 같습니다. 용기를 동결냉동칸에 둘 경우 열 접촉이 잘 이루어진다는 것 그리고 대류운동의 패턴이 달라지기 때문에 뜨거운 물이 더 빨리 언다는 것이 가장 좋은 설명처럼 보입니다. 그중 어떤 효과가 더 우위를 점하는가는 냉장고, 얼음 용기 그리고 용기를 두는 위치에 따라 달라집니다. _ 편집자

_ 마이클 데이비스 오스트레일리아, 태즈메이니아 대학 질문자님의 말씀이 맞습니다. 처음부터 찬물이 아니라 뜨거운 물을 넣는 편이 얼음을 더 빨리 만들 수 있습니다. 성에나 얼음 표면 위에 물이 든 용기를 놓았기 때문에 일어나는 현상일 것입니다. 뜨거운 물 온도에 의해 얼음의 표면이 녹으면 용기와 얼음 표면 간의 열 접촉이 대단히 활발해집니다. 용기와 내용물로부터 이동하는 열 전달률이 증가하면 원래 손실될 것보다 더 많은 양의 열이 손실됩니다. 용기를 마른 표면에 놓거나 바닥에서 떨어지게 놓으면 그런 효과는 잘 일어나지 않습니다.

이런 현상에 처음으로 주목한 사람은 프랜시스 베이컨 경이었습니다. 그는 얼음 위에 나무 물통을 올려두었다고 합니다. 제가 관찰한 바에 따르면 냉장고 안에 서리가 많이 낀 경우 20분은커녕 단 15분 만에 각얼음이 만들어졌습니다. 얼음을 조금이라도 빨리 얼리고 싶은 생각은 시원한 나라 사람들보다는 분명 우리 오스트레일리아 사람들에게 더 간절하답니다.

　_ 데이비드 에지 _{영국, 더비셔 주, 해턴} 그런데 이런 현상에 처음으로 주목한 사람은 프랜시스 베이컨 경이 아닙니다. 아리스토텔레스가 이미 《기상학》에서 비슷한 내용을 설명했습니다. "물을 빨리 식히고자 할 때 우선 햇볕에 먼저 두는 사람이 많이 있다. 따라서 추운 지방 사람들은 얼음낚시를 할 경우(그들은 얼음에 구멍을 뚫어 낚시를 한다) 낚싯대 둘레에 더운 물을 뿌려 더 빨리 얼게 한다. 그런 식으로 얼음을 이용해 낚싯대를 고정시키는 것이다."

　그리고 "용기를 마른 표면에 놓거나 바닥에서 떨어지게 놓으면 그런 효과는 잘 일어나지 않습니다."라는 말도 사실과 다른 것 같습니다. _ 편집자

　_ J. 닐 케이프 _{영국, 미들로디언, 페니쿡} 이 질문은 1969년 『뉴사이언티스트』에서 다뤄진 바 있습니다. 당시 질문자는 에라스토 음템바라는 탄자니아 학생이었습니다. 그는 실온에서 방치해두는 바람에 녹은 아이스크림 믹

2. 가정과 생활

스보다 아예 뜨거운 상태에서 냉장고에 넣었을 때 더 빨리 언다는 사실을 발견했습니다. 음템바와 마찬가지로 제가 수업 과제로 이 문제를 정했을 때 저희 선생님 역시 회의적인 반응을 보이셨습니다.

첫째, 실험을 통해서 저는 물이 수돗물이건 증류수이건 관계없이 아이스크림과 똑같은 현상을 보였다는 것을 알게 되었습니다.

둘째, 뜨거운 물의 기화로 인한 부피 감소 때문에 일어난 일도 아니라는 사실 역시 입증됐습니다. 물에 열전쌍을 넣었을 경우에는 뉴턴의 냉각 법칙에 따라 섭씨 10도 정도의 물이 섭씨 30도 정도의 물보다 어는점에 더 빨리 도달했습니다. 하지만 온도가 상승하자 물은 좀더 빨리 응고하기 시작했습니다.

사실 냉장고에서 물이 어는 데 걸리는 시간은 물의 처음 온도가 섭씨 5도일 때 가장 오래 걸렸고, 섭씨 35도일 때 가장 짧았습니다.

우리의 상식에 어긋나는 그같은 현상은 물의 수직 온도기울기 때문에 일어납니다. 수면에 가까운 위쪽 물의 열 손실률은 온도에 비례합니다. 액체의 표면 온도가 나머지 전체의 온도보다 높은 경우 열 손실률은 온도가 전체적으로 고른 경우보다 더 높습니다. 평평한 접시가 아니라 길쭉한 금속제 관에 든 물에서는 그런 이상 현상이 일어나지 않습니다. 길쭉한 금속제 관에서는 금속 벽면을 통한 열전도로 인해 물의 온도기울기가 둔해지기 때문입니다.

_앨런 캘버드 영국, 하트퍼드셔 주, 비숍스스토트퍼드 표준적인 실험에서는 두 개의 금속

물통을 춥고, 가급적이면 바람 부는 밤 동안 야외에 내놓습니다. 물이 잔잔하면 열전도가 잘 일어나지 않기 때문에 표면과 주변부에만 얼음이 생성됩니다. 처음 수온이 섭씨 약 10도인 경우에는 물의 중심부가 느리게 냉각되며 특히 얼음 조각이 유리되어 상층에 떠다니는 경우에는 정상적인 대류작용이 방해받습니다. 상대적으로 더운 물이 차가운 물통과 접촉하지 못함으로써 그 에너지를 외부로 방출할 방법 역시 가로막히는 것입니다.

처음 수온이 섭씨 40도가량인 경우에는 물이 얼기 전에 강력한 대류작용이 일어납니다. 따라서 물 전체가 급속하게 그리고 동질적으로 냉각됩니다. 비록 최초의 얼음 형성은 늦지만 뜨거운 물에서는 냉각보다 응고 과정이 더 빨리 완료됩니다.

즉 조건이 결정적이라는 뜻입니다. 섭씨 0.1도의 차가운 물통과 섭씨 99.9도의 뜨거운 물통이라면 그 실험 결과는 판이하게 달라집니다. 물통이 크다면 작은 온도기울기에도 대류작용이 유지되지만 작은 물통은 물통 표면을 통해 열이 빠르게 방출됩니다. 바람 부는 밤이라면 공기에 의한 냉각 효과마저 가세합니다.

가정용 냉장고에서는 적절한 조건을 만들어내기가 어렵습니다만 공업용 냉동장치나 실험 조건을 갖춘 실내에서라면 그같은 이상 현상을 얼마든지 증명해보일 수 있습니다.

_ 톰 헤링 영국, 레스터셔 주, 케그워스 맞습니다. 실험으로 확인해본 적이 있습니

다. 한 가지 조건이 있는데, 그것은 물을 담는 용기가 작아야 한다는 것입니다. 그러면 열을 빼앗는 데 냉장고의 용량은 아무 문제가 되지 않습니다.

차가운 물은 먼저 표면부터 아주 얇게 얼기 시작하는데, 그것은 표면으로 열을 전달하는 대류운동을 방해합니다. 뜨거운 물은 용기의 벽면과 바닥 쪽부터 얼기 시작하고, 표면은 액체 상태로 그대로 남아 여전히 꽤 뜨거워서 방사에 의한 열 손실이 좀더 효율적으로 계속 일어납니다. 온도차가 크면 대류운동이 활발해져 물표면의 열을 뽑아냅니다. 이런 일은 심지어 물의 대부분이 얼고 난 후에도 계속 일어납니다.

_ 톰 트럴 _{오스트레일리아, 태즈메이니아 대학} 이것은 문화적 신화에 불과합니다. 뜨거운 물은 냉장고에서 찬물보다 더 빨리 얼지 않습니다. 하지만 뜨거운 물을 상온으로 식힌 것이라면 가열된 적 없는 물보다는 빨리 업니다. 이것은 용해되어 있던 기체(대부분 질소와 산소)가 가열 과정에서 방출되기 때문입니다. 용해된 기체는 얼음 결정이 성장하는 속도를 늦춥니다.

태즈메이니아 대학의 회의론자이신 톰 트럴 씨도 첫 답변을 주신 같은 대학의 마이클 데이비드 씨의 냉장고를 애용하시는 것 같습니다. 실험 결과를 통해 볼 때 기체가 용해되어 있지 않은 물에서는 얼음 결정이 생성되는 속도가 빨라진다는 것은 사실인 것 같습니다. 그러나 보내주신 답글들에서는 전혀 언급되지 않은 또 다른 요소가 있습니다. 바로 과냉각 현상입니다. 좀더 최근의 연구 결과에 따르면 물은 어는 온도가 다양하기 때문에 뜨거운 물은 냉각되기 전에 벌써 얼기 시작할 가능성도 있습니다. 그러나 완전히 어는 것 역시 뜨거운 물이 먼저인지는 전혀 다른 문제일 수도 있습니다. _ 편집자

_ 마티 야르빌레토 ^{핀란드, 오울루 대학} 과학적으로 통제되는 실험을 통해 볼 때, 이 효과는 사실인 것 같습니다. 냉동 과정이 진행되는 동안 냉동고 안의 온도가 일정하게 유지된다고 가정하면, 용기의 크기, 용기 안팎의 전도성과 대류의 성질 등이 변수로 작용할 것입니다.

하지만 제가 생각하기에는 간과되기 쉬운 좀더 중요한 변수가 있습니다. 그것은 냉동고 안의 온도 변화입니다. 냉동고 내부의 온도 변화 폭은 제어 시스템의 열전소자와 타이머의 정밀성에 따라 달라집니다. 냉동고 내부의 온도가 표준에 설정되어 있으며 냉각에 사용되는 전력도 표준적으로 작동하고 있다고 가정해봅시다. 만약 차가운 물이 들어 있는 통을 넣으면 온도감지기가 작동하지도 않을 것이고 전원의 출력에는 거의 영향이 없을 것입니다. 하지만 뜨거운 물이 들어 있는 통은 감지기를 작동시켜 즉각적으로 냉각기의 출력을 높여 타이머의 설정에 따른 강냉 상태가 될 것입니다.

가정에서는 이런 사실을 놓치기 쉽습니다. 저는 전기 사우나에서도 비슷한 일을 경험한 적이 있습니다. 물이 튀는 바람에 온도 감지계가 잘못 작동해 사우나의 온도가 올라간 것입니다.

아직까지는 확증되지 않았지만 미국 세인트루이스 소재 워싱턴 대학의 연구자들이

다른 가능성 하나를 새로 제시했습니다. 칼슘이나 중탄산마그네슘 같은 용질은 가열되면 침전됩니다. 이것은 주전자에 센물을 담고 끓이면 언제든지 확인할 수 있습니다. 하지만 이러한 용질은 가열되지 않은 물에도 포함되어 있으며, 물의 일부가 얼어 결정이 생기면 주위의 물에 응결되어 나타납니다. 아직 고체 상태에 이르지 못한 물에서 이런 용질의 농도가 높아지면 겨울에 도로에 뿌리는 소금처럼 어는점을 내리는 작용을 합니다. 따라서 이런 물은 온도가 내려가도 잘 얼지 않습니다. 덧붙이자면, 어는점이 내려가면 액체와 그 주위의 온도차가 줄고 물의 열손실이 아주 느려집니다.

_ 편집자

시시콜콜 궁금증?

3. 먹거리의 과학

먹거리의 과학 | 바나나 껍질의 퇴락

바나나를 냉장고에 두면 방 안에 그냥 둔 것보다 껍질이 더 빨리 갈색으로 변합니다. 하지만 여전히 먹을 수는 있습니다. 껍질 색이 변하는 것이 산화현상이라면, 추운 데서 왜 더 빨리 그렇게 되나요?

앨툰 윌터스 영국, 카디프

_ **앨리스테어 맥두걸** 영국, 노퍽 주, 노위치, 식품조사연구소   바나나를 신선하게 보존한다고 냉장고에 넣는 방법은 별로 권장할 게 못 됩니다. 살아 있는 유기체들은 모두 자신이 살아가기 적합한 환경에 맞춰 세포 기능과 조직 구성이 이루어집니다. 바나나 역시 자신에게 가장 알맞은 기온에 맞춰 세포막의 구성을 조절한답니다. 바나나는 이를 위해 세포막의 지질에 있는 불포화지방산의 양을 바꿉니다. 차가우면 차가울수록 바나나에 있는 불포화지방산이 많아지고 따라서 유동체의 양도 많아지죠. 만약 과일을 너무 차게 냉각시키면 막이 있는 부위의 점성이 높아져 세포막은 각각의 세포를 구획하는 기능을 상실합니다. 원래 따로 분리되어 있던 효소와 기질(基質)이 이로 인해 섞이게 되죠.

냉장고에 넣어두지 않은 과일도 지나치게 익으면 이런 메커니즘에 따라 갈색으로 변하지만, 이 경우 막이 파손되는 것은 세포조직의 일반적인 노화현상입니다. 실제로 상업용 냉동고에 넣어둔 열대 과일이 상하는 것은 큰 문젯거리입니다. 반면에 사과나 배처럼 일상적인 온도에서 자라는 과일들은 얼기 직전의 온도에 저장해도 다행히 큰 문제가 없습니다. 냉장고에 보관한 바나나가 그렇지 않은 것만큼 맛이 있을지 의문입니다. 더 나아가 토마토 같은 아열대성 과일도 냉장고에 보관하는 것은 권하고 싶지 않네요.

_ M. V. 웨어링 <small>영국, 에식스 주, 브레인트리</small> 과일은 대체로 냉각시켜도 안정된 상태를 유지하지만, 열대와 아열대 과일 대부분(특히 바나나)은 심하게 변질됩니다. 바나나의 가장 이상적인 온도는 섭씨 13.3도입니다. 이런 과일들은 섭씨 10도 이하에서는 효소가 더 많이 분비되고 그 결과 변질도 더 빨리 일어나 껍질이 밤새 거뭇거뭇해질 수 있습니다. 바나나의 과육과 껍질이 더 물렁해지듯 말이죠. 효소는 세포의 저장소에서 새어나오는데, 이런 현상은 막의 투과성이 커지기 때문입니다. 이것은 에틸렌 가스에 의해 조정됩니다. 에틸렌 가스는 과일의 숙성을 조절하고 냉각 손상, 기생충의 공격에 대응하는 기능을 합니다.

식물의 구조를 결정하는 주요 고분자들을 분해시키는 효소는 셀룰라아제와 펙틴에스테라아제, 두 가지입니다. 이것들은 각각 셀룰로오스와 펙틴을 분해합니다. 아밀라아제형 효소에 의한 녹말의 분해는 바나나의 과육 조직이 물러지는 데도 영향을 미칩니다.

껍질이 거무죽죽해지는 것은 폴리페놀 산화효소라는 또 다른 효소의 분비 때문에 생겨납니다. 이것은 산소의존성 효소로 바나나 껍질에 자연적으로 생기는 페놀을 중합시켜 폴리페놀로 변화시킵니다. 태양빛에 그을려 피부가 탈 때 형성되는 멜라닌과 구조면에서 비슷합니다.

폴리페닐 산화효소는 산에 의해서 억제되는데, 사과가 갈색으로 변하는 것을 막기 위해 레몬주스를 쓰는 이유도 바로 이 때문이죠. 바나나의 산성도가 낮은 것도 그렇게 빨리 검게 변하는 이유 중 하나일 겁니다. 결국 껍질이 검게 변하는 것을 늦추려면 바나나 껍질에 왁스칠을 해서 산소와 접촉하는 것을 막으면 되지 않을까요?

_ 스티븐 프라이 _{영국, 에든버러 대학교} 앞선 답변들에 덧붙입니다. 그렇습니다. 갈색으로 변하는 것은 산화반응입니다. 냉각 때문에 시작되는 거죠. 하지만 낮은 온도 자체만으로는 바나나에서 일어나는 산화반응의 속도가 빨라지지 않습니다.

바나나는 더운 기후를 좋아하기 때문에 그 안의 세포막들은 냉장고에서 손상을 입습니다. 바나나 껍질의 액포 안에는 도파민 같은 페놀아민이 있습니다. 그런데 세포막이 손상되면 페놀아민이 새어나와 여기저기에 있는 산화효소(폴리페놀 산화효소)와 접촉하게 됩니다. 도파민은 대기 중의 산소에 의해 산화돼 보호장벽으로 기능할 수 있는 갈색 고분자를 형성합니다. 냉각으로 인해 막이 손상된 바나나는 온도가 올라가면 갈색으로 변하는 속도가 더 빨라집니다.

변화를 눈으로 또렷하게 확인하고 싶다면 바나나를 냉동고에 몇 시간만 넣어보세요. 그 바나나는 크림 같은 흰색일 겁니다. 그 이유는 비록 냉동에 의해 파괴됐어도 그처럼 낮은 온도에서는 산화효소들이 작용할 수 없기 때문이랍니다. 이제 그것을 실온에서 밤새 해동해 보세요. 도파민이 산화함에 따라 시꺼멓게 변할 거예요. 실내 온도에서 밤새 놓아둔 바나나는 하얗게 유지되는데 그 이유는 액포막이 손상되지 않은 채 그대로 있기 때문이랍니다.

> **먹거리의 과학 | 수정처럼 맑은 얼음**
>
> 투명한 얼음은 어떻게 하면 만들 수 있나요? 제가 얼음을 얼리면 늘 거품이 들어 있어요. 정수한 물을 끓여서도 만들어봤지만 스카치 광고에 나오는 것처럼 투명한 얼음은 만들어지지 않네요.
>
> **필립 서스먼** 오스트레일리아, 빅토리아 주, 모나시 대학교

앤드루 스미스 영국, 뉴캐슬어폰타인 가정용 냉장고로 얼음을 얼리면 수돗물에 용해되어 있는 공기(약 0.003퍼센트)에 의해 얼룩이 지는 것을 피할 수 없습니다. 얼음 용기에 든 물이 어는점 아래로 온도가 떨어지면 용기의 칸 가장자리에서 결정들이 형성됩니다. 이것들은 순수한 얼음이고, 공기는 거의 포함되어 있지 않습니다. 왜냐하면 이 얼음 안에는 공기가 극히 소량밖에는 녹아 있지 않고, 나머지 대부분의 공기는 아직 얼지 않은 물속에 용해되어 있기 때문이죠. 하지만 용해되어 있는 공기의 양이 무게 대비 0.0038퍼센트에 도달하고, 물의 온도가 섭씨 영하 0.0024도 이하로 떨어지면 물은 공기를 더 이상 담아둘 수 없게 돼서 새로운 반응을 시작합니다. 물이 얼면서 공기를 밖으로 배출시키려는 압력이 작용하게 되는 거죠. 이런 온도와 압력 아래에서 공기의 자연적인 상태는 기체예요. 얼음에 기포가 생기는 것은 바로 이 때문입니다.

상업용 제빙기는 금속제 얼음 용기 위로 바람을 계속 불어넣어줌으

로써 눈부시게 투명한 얼음을 만들어냅니다. 얼음 용기 안의 물이 바람 때문에 휘저어지면서 안에 있던 공기가 밖으로 빠져나가게 되는 것이죠. 그런 다음 얼음이 충분히 두껍게 얼면, 용기의 온도를 높여 얼음을 빼냅니다.

하지만 질문하신 분에게 제빙기가 없다면 희끗희끗 얼룩진 얼음에 만족하실 수밖에 없겠네요.

_한 잉 로크 _{영국, 에든버러} 물은 약 섭씨 4도에서 밀도가 가장 높습니다. 온도가 낮아져 어는점에 가까워질수록 물의 밀도는 낮아집니다. 물을 너무 급격하게 냉각시키면 물의 각 부분이 서로 다른 온도에 노출되고 그래서 얼음에 기포가 생기는 것입니다.

물은 맨 위쪽부터 얼기 시작합니다. 왜냐하면 따뜻하고 밀도가 높은 물은 얼음이 얼기 시작하는 층 밑으로 가라앉기 때문이죠. 게다가 맨 꼭대기 층은 차가운 환경에 직접적으로 노출되는 부분이기도 합니다. 호수가 얼 때도 비슷한 일이 벌어집니다. 물은 부분별로 팽창률이 다르기 때문에 위쪽의 얼음층에 막혀 탈출하지 못하는 기포가 생깁니다.

얼음에 기포가 생기지 않게 하려면 물을 아주 느리게 얼려서 온도의 변화폭을 최대한 줄여야 합니다. 그래야 물이 부분별로 다르게 팽창하는 것을 방지할 수 있습니다. 물을 느리게 냉각하면 공기가 액체 속을 통과해 증발될 수 있는 시간적인 여유를 주기도 합니다. 그러면

3. 먹거리의 과학 91

공기가 얼음 속에 갇히는 일이 생기지 않을 겁니다.

_ 존 리치필드 남아프리카공화국, 덴네식 물을 끓이기까지 했는데도 투명한 얼음을 만들지 못했다면 정수나 끓이는 과정 말고도 필요한 충분한 주의를 기울이지 않았기 때문일 수도 있습니다. 물을 끓이고 나서 용기에 부을 때 공기가 녹아들 수도 있고, 얼리는 데 사용한 물이 경수라면 공기를 없애기 위해 이온을 제거하는 과정도 필요합니다.

비닐 랩을 이용하면 물이 냉각되는 동안 공기를 차단하는 효과가 있을 것입니다. 윗부분에 랩을 덮은 플라스틱 용기를 사용하면 물이 위쪽에서 아래쪽으로 차례차례 얼게 됩니다. 단 유리는 깨질 염려가 많으니 진공 플라스크는 절대 사용하지 마세요. 물론 이런 방법을 쓴다고 해서 얼음이 얼 때 물 밖으로 빠져나가는 공기의 양이 줄어드는 것은 아니지만, 얼기 시작할 때 생기는 얼음은 투명합니다. 그리고 꽤 두꺼워질 때까지도 여전히 투명하답니다. 시간이 지나면서 흐릿한 얼음이 보이기 시작하면 그때 가서 냉각을 중단하면 됩니다.

_ 게이브리얼 수자 영국, 케임브리지 물에는 기체가 녹아 있습니다. 기체는 물이 얼 때 밖으로 밀려나면서 얼음 속에 갇힙니다. 얼음이 투명하게 보이지 않는 이유는 바로 그 때문입니다. 투명한 얼음을 만들려면 차가운 물보다는 따뜻한 물을 사용하는 것이 더 유리합니다. 따뜻한 물에는 기체가 덜 용해되어 있기 때문입니다. 그리고 냉장고의 성능을 낮춰 얼

음이 얼기 직전에 기체가 물에서 빠져나갈 시간을 주는 것도 좋습니다. 저는 이 방법으로 꽤 좋은 결과를 얻었습니다.

_마틴 해스웰 영국, 브리스틀 저는 편지에 언급된 얼음이 아마도 전문 사진가가 약간의 눈속임을 한 것일 수도 있다고 생각합니다. 스카치 광고를 찍을 때 전문 사진가들은 손으로 깎은 퍼스펙스(투명 아크릴 유리 상표명)를 얼음 대신 사용합니다. 실제 얼음은 스튜디오의 조명 때문에 녹아버리거든요.

> **먹거리의 과학 | 양파 썰기의 고통**
>
> 양파를 썰 때 눈물이 나오도록 자극하는 물질은 무엇인가요? 막을 방법은 없나요?
>
> **스티븐 미첼** 영국, 콘월 주, 레드러스

_번드 이건_ 영국, 데번 주, 엑서터 양파와 마늘에는 둘 다 황이 포함된 아미노산들의 유도체가 들어 있습니다. 양파를 잘게 썰면, 그 화합물의 하나인 S-1 프로페니시스테인-설폭시드가 효소에 의해 분해되어 휘발성의 프로판시얼 S-옥시드라는 자극물 또는 최루 물질을 형성합니다.

이 자극물은 물(이 경우는 눈)에 닿으면 가수분해돼 프로판올, 황산, 황화수소가 됩니다. 눈에서 눈물이 나는 것은 눈물로나마 이 산을 중화시키려는 것이랍니다. 단, 이 황화합물들은 양파를 조리할 때 나는 맛있는 향기의 원천이기도 하지요.

눈물이 나는 것을 막을 방법으로 저는 다음 중 하나를 제안합니다. 양파를 아예 사용하지 않는 것입니다(하지만 식욕을 돋우는 향을 잃게 될 겁니다). 고글을 쓰는 것도 한 방법입니다(하지만 약간 얼간이 같아 보일지 모릅니다). 양파를 물에 담근 상태로 썹니다(하지만 향기의 일부도 씻겨 내려갈 겁니다). 물에 씻은 다음 젖은 상태로 뒀다가 양파를 썹니다.

_ C. 버크 _{영국, 서리 주, 파넘} 눈에서 눈물이 심하게 나는 것을 방지하려면, 자극물과 눈이 접촉하기까지 걸리는 시간을 최대한 지연시켜 자극물이 공기 중으로 많이 날아가 버리게 해야 합니다.

가장 확실한 방법은 양파에서 되도록 멀리 떨어져 서서, 양파를 직접 내려다보지 말고 고개를 돌린 채로 써는 것입니다.

또 다른 방법 하나는 입으로 숨을 쉬는 것입니다. 코로 숨을 쉬면 매운 성분이 포함된 공기가 코는 물론 눈 있는 곳까지 상승하지만, 코 대신 입으로 숨을 쉬면 그런 성분들은 폐로 직접 들어갔다가 내쉴 때 얼굴에서 먼 곳으로 날아갑니다.

확실하게 입으로 숨을 쉬려면 금속제 스푼을 이로 가볍게 물어보세요. 그러면 공기가 드나들 수 있는 공간이 생기는 동시에 숨을 쉴 때 공기가 코보다는 입을 통해 들어오게 만듭니다. 제 경험으로는 스푼을 뒤집어 물고 있는 편이 나은 것 같더군요. 하지만 여기에 어떤 과학적 원리가 숨어 있는지는 저도 모릅니다.

_ 일레인 더핀 _{영국, 웨스트요크셔 주, 키슬리} 저는 콘택트렌즈를 끼면 양파를 썰 때 눈이 맵지 않다는 것을 발견했습니다.

_ 실러 러셀 _{영국, 미들섹스 주, 스테인스} 레몬 조각 하나를 윗입술 아래에 붙여놓으면 됩니다. 멋진 모양새는 아니겠지만 아무튼 눈물이 나는 것만큼은 막을 수 있습니다.

_ 미셸 투리오 ^{스위스, 제네바} 진부한 방법이기는 하지만 이 사이에 각설탕을 물어 자극물을 흡수하는 방법을 권합니다. 각설탕이 황을 순화시켜주기 때문이지만 최근에는 이런 방법을 쓰는 사람이 아주 적군요.

_ 존 네윈 ^{영국, 런던} 식빵 조각을 조금, 그러니까 한 4분의 1 조각 정도를 입술 사이에 물고 양파를 써는 것도 나쁘지 않습니다. 저희 가족이 1960년대 초 탄자니아에 살았을 때 말라위 출신 요리사 마푼다에게 배운 비법이랍니다.

먹거리의 과학 | 쌍둥이 달걀

최근에 달걀을 한 판 샀습니다. 달걀에 노른자가 두 개씩 들었다고 했거든요. 그런데 정말 그렇더군요. 달걀 장수는 노른자가 두 개라는 사실을 어떻게 알았을까요?

존 크로커 영국, 웨스트미들랜즈 주, 솔리헐

_ 그레이엄 무어 영국, 서식스 주, 헤일섬, 스톤게이트 파머스 주식회사

이런 특이한 달걀은 인공적인 조작이 가해지지 않은 자연현상입니다. 노른자가 두 개인 달걀은 일반 달걀보다 크며, 별도로 분류해 개별적으로 검사합니다. 그같은 쌍둥이 달걀은 공급은 적은 데 반해 수요는 엄청나기 때문에 공급자 측에서는 노른자가 정말 두 개인가를 반드시 확인합니다. 검사 방법은 달걀을 밝은 빛에 비춰 보는 것입니다. 그렇게 하면 그림자를 통해 노른자 개수를 정확히 판단할 수 있습니다. 〔그 과정을 캔들링(candling)이라고 하는데 예전에는 촛불(candle)을 광원으로 이용했기 때문입니다.〕

집에서도 한번 해보십시오. 달걀 속이 얼마나 훤히 들여다보이는지 보시면 아마 놀라실 겁니다. _ 편집자

먹거리의 과학 | 백발백중 우유 따르기

종이팩에 담긴 우유를 따를 때는 빠르게 부어야 잔으로 잘 들어가더군요. 천천히 기울이면 우유가 종이팩 아랫면으로 미끄러져 제 발등이나 마룻바닥에 흘러내립니다. 오렌지주스나 다른 음료도 마찬가지고요. 왜 천천히 부으면 종이팩 표면으로 흐르는 겁니까?
-
톰 칸 영국, 웨스트요크셔 주, 브래드퍼드

_ **빌 크라우더** 영국, 맨체스터 대학교 항공우주 학부 액체를 붓는 도중 종이팩을 기울이면 팩에 담긴 액체의 표면이 상대적으로 구멍보다 높아집니다. 그 결과, 표면과 구멍 간에 압력 차이가 발생해 종이팩에서 나오는 유체를 압박합니다. 그같은 압력뿐만 아니라 유체의 표면장력까지 작용해 유체는 종이팩 표면을 타고 흐르게 됩니다. 빠른 속도로 부으면 압력이 표면장력보다 훨씬 우세해져 유체는 말끔한 모습으로 종이팩을 떠나 예정대로 곡선(포물선)을 그리며 잔 속으로 빨려 들어갑니다.

그러나 붓는 속도가 느리면 표면장력이 유체의 분출 방향에 영향을 미쳐 유체는 구멍을 깨끗하게 빠져나가지 못하고 종이팩의 상단 표면에 달라붙게 됩니다(종이팩 표면이 평평하다면 말입니다). 일단 표면에 들러붙으면 액체는 계속해서 표면을 타고 흐르는 경향을 띠는데, 그것은 바로 표면장력과 더불어 '코안다 효과'가 작용하기 때문입니다. 코안다 효과란 볼록한 만곡면에서 유체가 분출할 경우(예를 들어 숟가락 바깥 면과 같은 둥그런 표면에서 물이 빠르게 이동할 경우) 유체는 내압력을 발생시키고 그것이 표면을 향해 분출하는 힘을 효과적으로 흡수할 때 일어나는 현상입니다.

표면장력과 코안다 효과가 합쳐지면 불규칙한 유체의 흐름을 종이 팩 상단부 표면에서 팩의 옆면을 따라 구부러져 흐르게 만듭니다. 그 결과 유체가 신발 위로 왈칵 쏟아지는 것입니다.

_ 존 워싱턴 영국, 웨스트미들랜즈 주, 스타워브리지 일명 '벽면 흡착' 효과로도 불리는 코안다 효과는 루마니아 태생의 헨리 코안다(1886~1972)의 이름에서 유래했습니다. 그는 두 개의 연소실로 추진되는 비행기도 발명했는데, 동체의 양편에 달린 연소실이 하나는 정면을, 다른 하나는 뒷면을 향한 모양이었습니다. 두 개의 제트엔진이 불을 뿜자마자 비행기는 정면을 향하기는커녕 동체의 좌우를 구분 못할 정도로 빙글빙글 돌며 뒷걸음질 침으로써 그를 공포로 몰아넣었다고 합니다. 그래도 코안다 효과 덕분에 그의 이름은 지금도 불후의 명성을 이어나가고 있습니다.

벽면 흡착 현상은 약 30년 전 유체공학과 관련된 기계제어 시스템에 사용됐습니다. 그것은 유체의 소규모 분출이 본류가 접해 있던 '벽'에서 떨어져 나와 스스로 다른 경로로 나가게 하기 위해서였습니다.

코안다의 사진 및 1910년에 제작된 명실상부한 세계 최초의 제트 비행기의 모습을

www.allstar.fiu.edu/AERO/coanda.htm에서 만날 수 있습니다. 다음 답변은 코안다 효과를 간단히 증명할 수 있는 방법을 소개하고 있습니다. _편집자

_리처드 한 ^{영국, 서퍽 주, 입스위치} 코안다 효과는 표면을 감싸고 흐르는 유체에서 일반적으로 나타나는 현상입니다. 간단한 실험을 해보면 코안다 효과의 재미있는 점을 발견할 수 있습니다. 수직 원통형 모양의 물건(깨끗이 씻은 액체 병이나 포도주 병)을 준비한 다음 그 옆에 촛불을 멀찍이 놓아두세요. 그리고 병을 향해 바람을 불어보세요. 신기하게도 촛불이 꺼집니다. 공기의 흐름이 병을 감싸고 있기 때문이에요.

> **먹거리의 과학 | 치즈는 왜 실처럼**
>
> 치즈는 뜨겁게 구우면 왜 그렇게 끈적이며
> 실처럼 이어지는 건가요?
>
> **존 미첼** 영국, 스트래스클라이드 주, 위쇼

_ 존 리치필드 남아프리카공화국, 덴네식 아직 조리되지 않은 상태의 기름지고 축축한 치즈 덩어리 속에는 긴 사슬구조의 단백질 분자가 몸을 웅크리고 있습니다. 치즈에 열이 가해지면 기름과 단백질이 녹는데 그렇게 물렁해진 치즈를 우리가 잡아당길 경우 단백질 사슬이 늘어나 가늘게 실처럼 이어지는 것입니다. 녹은 치즈 한 조각을 잡아당겨 가느다란 실 모양으로 만드는 것이나 생면에서 실을 꼬아 뽑는 것이나 원리 면에서는 크게 다르지 않습니다.

비닐 봉투를 가열하거나 잡아 늘이면 폴리에틸렌 섬유가 생기는 것도 비슷한 경우입니다. 긴 사슬구조의 분자가 뒤틀리거나 늘어나서 생기는 현상입니다. 분자가 나선형으로 수축돼 있는 비닐은 부드럽고 매끄럽습니다. 잡아 늘일 경우, 늘어난 방향으로는 탄성이 있어 잘 끊어지지 않지만 사슬이 섬유를 따라 늘어서 있기 때문에 세로 방향으로는 쉽게 끊어지는 것입니다.

_ 마이크 퍼킨 (전자우편으로 보내주셨으면 주소는 없었습니다) 치즈가 녹아 액체상태가 되면

긴 사슬구조의 단백질 분자들은 서로 결합해 섬유질을 형성합니다. 그같은 성질을 이용하면 치즈에 포함된 단백질 성분도 알아낼 수 있습니다. 치즈를 잡아당겼을 때 늘어난 길이를 측정해 다른 단백질 표본들과 비교해보면 됩니다.

> **먹거리의 과학 | 한 번? 두 번?**
>
> 전문가들은 차나 커피는 끓일 때마다 새로운 물을 사용해야 한다고 충고합니다. 왜 그런가요? 두 번 끓인 물을 사용하면 안 좋은 점이 있나요? 차이를 알려주세요.
>
> —
> **아이버 윌리엄스** 영국, 데번 주, 오크햄프턴

_ **J. R. 스태퍼드** 영국, 런던, 마크스 & 스펜서 여러 번 끓인 물보다 처음 끓인 물을 사용하는 것이 더 효과적인 이유는 신선한 물의 산소함유량이 더 높기 때문입니다. 처음 끓인 물로 차를 타면 찻잎에서 더 많은 성분이 추출되기 때문에 더 맛있습니다.

이것은 간단한 실험을 통해 알아볼 수 있습니다. 유리잔 두 개에 같은 양의 찻물을 담고, 한쪽에는 방금 끓인 물을 다른 한쪽에는 여러 번 끓인 물을 따릅니다. 그대로 3분 정도 둔 뒤에 보면 전자가 후자보다 색이 진한 차가 되어 있는 것을 알 수 있습니다.

_ **N. C. 프리스웰** 영국, 웨스트서식스 주, 호섬 어린 시절 차를 탈 때 처음 끓인 물에는 산소가 용해되어 있기 때문에 맛이 더 좋다고 배운 적이 있습니다. 물을 오랫동안 방치해두거나 끓이면 녹아 있는 산소의 양이 줄어듭니다. 영국 표준규격 6008항에 차를 타는 방법이 자세히 설명되어 있는데, 차는 반드시 신선한 물로 끓여야 한다고만 되어 있을 뿐 이유에

대해서는 나와 있지 않습니다. 또한 혀를 데지 않으려면 우유를 먼저 컵에 따라야 한다고도 나와 있습니다.

이 영국 표준규격은 국제규격인 ISO 3103항과 똑같은데, 어째서 외국에서 마시는 차는 영국에서 마시는 차와 맛이 다른지 잘 모르겠습니다.

_ 데이비드 에지 _{영국, 더비셔 주, 해턴} 차를 끓일 때 왜 신선한 물로 끓여야 하는지에 대해 예전부터 전해오는 설명에 따르면 그것은 물을 오래 끓이면 산소를 잃게 되어 차의 맛이 '밋밋해'지기 때문이라고 합니다. 제가 개인적으로 실험해본 바에 따르면 약한 불에서 한 시간 동안 끓인 물과 새로 금방 끓인 물이 별 차이가 나지 않았습니다. 양쪽 모두 고급 찻잎을 5분 동안 우려냈는데도 말입니다.

다만 봉지차를 우릴 때는 실제로 약간의 차이가 있을 수 있습니다. 한 번 끓인 물을 다시 끓여 사용할 때는 더 더욱 그렇습니다.

_ A. C. 로스니 _{영국, 서리 주, 이스트그린스터드} 차를 탈 때 끓이는 물이 꼭 신선한 물이어야 한다는 점을 납득하지 못하시는 독자분이 적어도 한 분은 계신 것 같습니다.

언젠가 급한 일로 해외에 나가 있을 때 우리는 물은 반드시 7~8분 이상 끓여서 마셔야 한다는 지시를 받았지만, 그것이 차에도 적용되어야 한다고는 생각하지 않았습니다. 하지만 우리는 가정용 압력조리기를 사용해 물의 온도를 끓는점 이상으로 올려 완전 멸균을 하기로 했습니다. 이런 물을 마시거나 요리에 사용했을 때는 아무런 문제가 없었지만, 차를 탈 물로 사용할 때는 정말로 끔찍한 결과가 나왔습니다.

반면에 고도가 2100미터인 곳에서 차를 마신 적이 있는데, 물론 그런 고도에서는 끓는점이 섭씨 100도보다 낮지만 맛에 아무런 차이가 느껴지지 않았습니다. 차를 재배하는 일을 하던 동행자들도 그 점에 대해서는 아무런 이의도 제기하지 않았습니다.

압력조리기에서 끓인 물을 제외한다면, 차의 맛에 훨씬 더 결정적인 요소는 찻잎을 우리는 시간인 것 같습니다.

_ 로너 잉글리시 영국, 런던 로스니 씨는 자신이 끓인 차가 맛이 형편없었던 이유가 번들번들한 압력조리기 때문이라는 말을 들으면 깜짝 놀라실지 모릅니다. 물에 가해지는 높은 압력과는 무관하게 물에 녹아든 알루미늄 성분이 차의 맛을 엉망으로 만든 것입니다.

주전자가 대부분 알루미늄제였을 무렵, 새 제품을 사용하기 전에 여러 번 물을 넣어 끓여야 한다는 설명서가 붙어 있었습니다. 신선한 물을 한 번만 끓인 후 차를 타는 것은 그 다음 문제입니다. 물을 반복해서 끓이는 사이에 주전자 안쪽에 탁한 산화물의 청녹이 끼어 순수한 알루미늄이 물에 녹아드는 것을 방지하는 역할을 하기 때문입니다.

_ M. V. 웨어링 영국, 에식스 주, 브레인트리

차를 탈 때 신선한 물을 사용하는 것이 좋은 이유는 산소와는 거의 관계가 없고, 다만 수돗물 속에 녹아 있는 불순물인 금속염(주로 칼슘, 마그네슘중탄산염, 황산염, 염소)과 관련이 있습니다. 이것이 차의 색이나 맛에 영향을 미치는 것입니다.

금속염이 차의 색에 어떤 영향을 미치는지 보려면 순수한 물(탈이온화된 물이나 냉동고의 서리를 녹인 물)과 수돗물을 갓 끓여 차를 탄 후 비교해보시면 됩니다. 수돗물에 든 염 성분들이 차의 색을 더 거무스름하게 만듭니다. 그것은 탄닌산염 같은 불용성으로 침전하는 염소처럼 탁합니다.

수돗물을 끓이면 중탄산염이 불안정해져(이른바 일시경도) 식은 후에 불용성 탄산염이 되어 침전합니다(시간이 지남에 따라 주전자에 물때가 끼는 것도 이 때문입니다). 염 성분이 더 많이 포함된 센물의 경우 끓였다가 식히는 일을 반복하면 칼슘이나 마그네슘을 상당히 제거할 수 있지만, 중간에 식히지 않고 계속해서 장시간 끓이면 효과가 떨어집니다.

이미 여러 번 끓였다가 식힌 물을 다시 끓여 차를 탔을 때 차의 맛이 나빠지는 이유로는 다음 세 가지를 들 수 있습니다. 첫째, 침전된 탄산염이 흰색 앙금 상태로 떠 있어서입니다(플라스틱제 새 주전자가 특히 더 심합니다). 이것은 다시 끓여도 마찬가지입니다. 앙금이 차와 섞여 있으면 단순히 물에 탄산염이 용해되어 있을 때보다 차의 맛이 훨씬 더 떨어집니다.

둘째, 끓여도 불안전해지지 않는 물속의 염소는(이른바 영구경도) 증발에 의해 서서히 농축되면서 불쾌한 맛을 만들어냅니다.

마지막으로 물을 되풀이해서 끓이면 철이나 구리 같은 금속 성분이 물에 축적되어 산소와 반응함에 따라 차 속의 작용제가 복잡한 산화환원 반응으로 인해 줄어들어 맛에 더 큰 영향을 줍니다.

_ 시드 커티스 오스트레일리아, 퀸즐랜드 주, 호손 카페인 중독인 저는 하루라도 차를 마시지 않으면 두통으로 심하게 고생합니다. 그래서 여러 날이 걸리는 하이킹을 할 때 연료를 절약하기 위해 차 봉지를 몇 시간 동안 찬물에 담가 두어 보았습니다. 그런데 꽤 괜찮았습니다. 언제든 카페인 주입이 가능했을 뿐 아니라 차가운 물인데도 나름 차 맛이 났습니다. 아직까지는 일부러 차가운 물에 우린 차를 전자레인지에 넣어 데워 마셔 본 적은 없지만, 마실 수 없을 정도는 아닐 거라는 생각이 듭니다.

_ 버나드 하울릿 영국, 에식스 주, 라우턴 진실은 로스니 씨의 생각과는 전혀 다릅니다. 차감식가셨던 제 아버지는 우리가 혹시라도 물을 너무 오래 끓이기라도 하면 족집게처럼 그 사실을 알아내곤 하셨습니다. 어떻게 그러실 수 있었을까요?

센물(그리고 대부분의 물에는 경화를 일으키는 금속염이 용해되어 있습니다)에서는 차가 단물이나 알칼리수에서보다 더 느리게 우려집니다. 센물을 표준보다도 30초 이상 넘게 끓이면 더 많은 용해 염분이 주전자 안쪽에 들러붙습니다. 그렇게 나온 물은 예상했던 것보다 더 연화되고 제조업자가 차를 블렌딩할 때 본래 예상했던 밸런스도 빗나가게 됩니다. 즉 너무 빨리 우러나고 색도 보통 때보다 진해집니다. 그래서 차 제조업자들은 팔리는 지역에서 사용되는 물의 성질에 따라 맛이 달라지는 것을 방지하기 위해 상표는 같더라도 블렌딩 밸런스가 다르게 조정된 제품을 내놓습니다.

센물은 중탄산염 한 줌만 있으면 연화시킬 수 있지만 극적으로 거무스름하게 변한 색과 맛의 변화는 차감식가뿐만 아니라 일반 사람들도 절대로 받아들일 수 없을 것입니다.

먹거리의 과학 | 꼬이며 흐르는 우유

이곳 짐바브웨에서는 우유를 비닐팩에 넣어 팝니다. 대부분의 사람들은 팩의 모서리 부분을 조금 자른 다음 우유를 따릅니다. 저는 우유가 팩에서 나올 때 압력을 받아 나선 모양으로 꼬이면서 흘러나온다는 것을 알았습니다. 물론 우유 말고 다른 액체에서도 역시 같은 현상이 일어납니다. 흐르는 길 같은 것이 있을 리 없는 액체를 이런 식으로 나선 모양으로 꼬이며 흐르게 하는 힘은 무엇인가요? 그리고 팩의 입구가 작을수록 우유가 더 많이 꼬인다는 것도 알게 되었습니다.

데이비드 화이트 짐바브웨, 치노이

_존 렌턴 아르헨티나, 코르도바 질문자님이 경험한 나선 모양의 효과는 우유가 나올 때 팩 안에서 발생하는 소용돌이의 가장 바닥 부분에 지나지 않습니다. 이것을 초래하는 힘은 통상 '코리올리 힘'이라고 불리며, 님이 보시는 모든 소용돌이의 원인이기도 합니다. 종이팩과 병에서도 동일한 효과가 얻어지지만 종이팩에서는 우유가 나오는 입구의 단면의 형태 때문에 잘 눈에 띄지 않습니다.

우유가 팩에서 나오기 시작할 때 팩을 누르면, 내부에 압력이 가해지면서 우유가 흘러나오는 속도가 증가합니다. 그러면 코리올리 힘도 커집니다. 코리올리 힘이 물체의 각속도 그리고 물체와 회전축 사이의 거리뿐만 아니라 회전 관성계에 있는 물체의 속도에도 비례하기 때문입니다. 따라서 나선 효과가 더 커지고 그 결과 압력을 받은 우유가 소용돌이치는 것입니다.

_ 레이먼드 홀 (전자우편으로 보내주셨으며 주소는 없었습니다) 팩에서 우유가 나선 모양으로 꼬여 흘러나오는 것은 구멍의 모양(보통 가늘고 깁니다)과 밀접한 관계가 있습니다. 즉 구멍의 안과 밖에서 우유에 걸리는 압력차 그리고 용기의 측면과 우유 사이의 표면장력이 원인입니다. 앞에서 답을 주신 분이 말씀하신 코리올리 힘과는 아무런 관계가 없습니다.

코리올리 힘은 객관적인 현상입니다. 지구가 자전하기 때문에 지표면을 따라 흐르는 액체에는 속도에 대해 수직 방향으로 코리올리 가속이 생깁니다. 북반구에서 생기는 코리올리 가속은 시계반대방향으로 회전하는 저기압 폭풍을 만듭니다. 하지만 남반구에서는 코리올리 가속이 반대방향이기 때문에 시계방향으로 회전하는 폭풍이 발생합니다.

이런 대규모의 기상 효과를 작은 규모에 적용시켜서, 욕조의 배수구 마개를 뽑았을 때 물이 적도의 북쪽과 남쪽에서 서로 다른 방향으로 회전하며 빠질 것이라고 생각하기 쉽습니다. 하지만 이것은 정확한 것이 아닙니다. 코리올리 힘은 욕조의 물이 소용돌이를 일으키며 배수되는 현상이나 우유가 팩에서 나올 때 나선형으로 꼬여 나오는 현상을 일으키기에는 너무도 작기 때문입니다.

욕조에 담긴 물에 작용하는 코리올리 힘을 실험을 통해 확인해보려면 다음과 같은 조건을 반드시 갖추어야 합니다. 욕조의 형태가 좌우 대칭이고 마찰이 적을 것, 욕조의 온도를 엄격하게 조정할 것 그리고 욕조에 담을 때 생긴 물의 움직임이 완전히 멈추도록 오랫동안(하루 이상) 그대로 둘 것.

_ 소냐 레그 ^{미국, 캘리포니아 주} 처음 답변을 주신 분의 답이 전적으로 틀린 것만은 아닙니다. 나선형 회전 효과가 소용돌이의 바닥 부분에서 생긴다는 말씀은 맞지만, 소용돌이의 원인이 코리올리 힘이라는 것은 틀립니다.

진짜 원인은 '아이스 스케이터' 효과라는 것입니다. 우유팩이 조금이라도 흔들리면 안에 든 유체가 이런저런 방향으로 흔들립니다. 작은 구멍 밖으로 나올 때 유체의 각운동량은 보존됩니다. 이것은 작은 직경을 이루며 흐를수록 유체의 회전 속도가 빨라짐을 뜻합니다. 마치 아이스 스케이터가 팔을 몸에 가깝게 붙이고 회전할수록 회전 속도가 더 빨라지는 것과 같습니다. 액체가 나오는 구멍을 작게 하면 할수록 나선 회전 효과가 커지는 것도 그 때문입니다.

> **먹거리의 과학 | 촉촉한 비스킷과 바게트 방망이**
>
> 비스킷은 밤새 포장을 뜯어놔도 아침까지 촉촉한데 왜 바게트 빵은 사람을 때려도 좋을 만큼 딱딱해지는 겁니까?
>
> **로나 홀** 프랑스, 뷜리옹

크리스 버넌 오스트레일리아, 퀴나나 바게트와 달리 비스킷에는 설탕과 소금이 많이 들어 있습니다. 잘게 분해된 설탕과 소금은 흡습성이 높아 공기 중의 수분을 흡수합니다. 다시 말해 달콤한 비스킷의 삼투압이 대단히 높다는 뜻입니다. 더욱이 비스킷의 조밀한 조직은 모세관 효과에 의해 수분이 유지되도록 돕습니다.

반면 바게트는 설탕과 소금이 아주 적으며 조직구조도 개방적입니다. 밀가루는 원래 주위에 습기가 있든 말든 관심 없습니다. 그같은 제조방법의 차이 때문에 하나는 습기를 빨아들이는 반면 다른 하나는 그렇지 않은 것입니다. 아주 달고 조밀한 비스킷에서 푹신한 스펀지 비스킷까지 다양한 비스킷으로 실험을 해보십시오. 조밀하고 설탕과 소금 함량이 높은 것일수록 '밤샘 보습 지수' 역시 높을 것입니다. 만약 이탈리아의 전통과자인 비스코티(별로 달지 않으며 푸석푸석합니다)와 달고 조밀한 진저비스킷을 상자에 넣어둔다면 어떤 일이 일어날까요? 비스코티는 돌처럼 단단해지지만 진저비스킷은 변함없이 촉촉할 겁니다.

_ 톰 윈치 _{영국, 케임브리지서 주, 엘리} 바게트는 건조해지는 반면 백설탕 비스킷은 촉촉해지는 이유는 비스킷에 함유된 백설탕의 흡습성 때문입니다. 저는 그것을 열세 살이던 작년에 참가한 경시대회에서 알아냈습니다. '요리도 과학인가?' 그것이 저희에게 던져진 수행 과제였습니다.

공기 중의 수증기가 설탕에 흡수되기 때문에 비스킷은 촉촉해집니다. 그러나 바게트에는 설탕이 없기 때문에 수증기를 흡수하지 못합니다. 오히려 물기를 빼앗겨 더 딱딱해집니다.

저희는 실험에 세 종류의 비스킷을 사용했습니다. 정제 설탕으로 만든 비스킷, 벌꿀로 만든 비스킷 그리고 인위적으로 단맛을 제거한 비스킷. 하룻밤 밖에 놓아두었다 조사해보니 인위적 비스킷은 2.17그램의 수분이 감소했고, 꿀벌 비스킷은 2.03그램의 수분이 감소했던 반면, 정제설탕 비스킷은 오히려 1.23그램의 수분 증가를 보였습니다. 꿀벌 비스킷에서 수분 감소가 있었던 것은 대기 중의 수분 농도가 비스킷의 수분 농도보다 낮았기 때문이었습니다.

_ 앨리 테일러 _{영국, 런던} 녹말은 20퍼센트의 아밀로오스와 80퍼센트의 아밀로펙틴으로 이루어져 있습니다. 빵의 신선도는 아밀로오스의 노화 정도에 좌우됩니다. 물론 수분 손실도 있어야겠지요. 안 그렇다면 빵이 마를 리도 없습니다. 그러나 빵은 수분 손실을 방지한다고 해도 딱딱해질 수 있습니다. 녹말류 곡식들의 선형 아밀로펙틴 분자들이 신선한 빵 속의 수분에 의해 분리돼 더욱 단단한 구조로 질서화되는 과정

에서 빵은 신선도를 잃고 더욱 딱딱해집니다.

그런 과정에는 온도 역시 영향을 미치는데, 어는점 이하에서는 느리게 진행되는 반면 어는점을 넘기면서부터는 그 진행속도가 최고조에 도달합니다. 여러 연구들을 통해 밝혀졌듯, 빵은 섭씨 7도(냉장고의 평균적 온도)에서 보관할 때나 섭씨 30도에서 보관할 때나 신선도 상실이 동일한 수준으로 진행됩니다. 따라서 빵을 냉장고에 넣어둔다고 해서 신선하게 더 오래 보존할 수 있는 것은 아닙니다.

먹거리의 과학 | 기름 벌집

프라이팬에 식용유를 붓고 가스 불에 가열하던 도중 빛에 반사된 기름 표면에서 벌집 모양의 무늬가 나타나는 것을 발견했습니다. 기름층이 얇을수록 무늬를 이루는 알갱이의 크기도 작았습니다. 그 무늬의 정체는 무엇입니까?

렉스 왓슨 영국, 도싯 주, 브로드스톤

_ **베른트 에겐** 영국, 데번 주, 엑서터 대학교 식용유를 가열할 때 나타나는 벌집 모양 세포들을 레일리-베나르 대류세포라고 합니다. 기름의 상하층 간 온도차가 적을 경우 열은 일반적인 열전달(개별 분자들의 충돌) 과정에 의해 분산되며 우리에겐 어떤 거시적인 움직임도 관찰되지 않습니다. 온도차가 더 현격하게 벌어지면 이제 대류(수많은 분자들이 관련된 집합적 현상)는 열전달의 효과적인 수단으로 변모합니다. 가열 중인 기름의 아래층은 상대적으로 작은 밀도 때문에 상승합니다. 위층으로 상승한 기름은 공기와 접촉해 온도가 내려가 다시 하강합니다. 그렇게 빙글빙글 순환하는 과정에서 액체는 스스로 벌집무늬를 만들어내는데, 그것은 우리 눈에도 쉽게 띕니다.

우리의 부엌에서도 목격되는 이같은 현상에 대해서는 상당한 연구가 진행돼 있습니다. 따라서 대류세포가 왜 벌집무늬를 띠는지 역시 설명하기 어렵지 않습니다. 대류가 넘실거리는 모양은 액체를 가열하는 용기의 모양에 따라 결정됩니다. 육각형 무늬는 둥근 프라이팬에서 자주 관찰됩니다. 그 밖의 용기에서는 횡단면이 정사각형인 기다란 직사각형 굴대형 무늬가 자주 나타납니다.

액체가 순환(상승, 횡단, 하강, 역횡단) 형태의 운동을 할 경우 나타나는 무늬의 단위 크기는 액체층의 두께와 밀접한 관계가 있습니다. 대류세포의 단위 크기를 비롯해 다양한 매개변수들은 고정되어 있는 반면, 순환운동의 방향은 대류가 시작되는 순간에도 결정되지 않는다는 것은 흥미로운 사실입니다. 대류의 순환운동 방향은 (시계방향 아니면 반시계방향으로) 일단 결정되고 나면 쉽게 변하지 않습니다.

_ 로저 커지 영국, 이스트서식스 주, 너틀리 가열하기 시작한 후 약 20초 정도가 경과하면 대류는 돌연 흥미로운 국면에 접어들기 시작합니다. 기름층 내부의 온도기울기가 특정 임계값에 도달하는 순간, 기름 속에 수없이 산재해 있는 대류들 하나하나에 에너지가 보존됩니다. 이때 아래쪽으로 흐르는 영역이 낮은 쪽으로 흐르는 이웃 영역과 융합되면 더욱 좋습니다. 그 결과 서로 반대 방향으로 흐를 가능성이 차단됩니다. 이같이 대류의 중앙부에서 일어나는 협력적인 재배치 과정에 의해 대류세포들은 촘촘히 밀집해 규칙적인 무늬를 만들게 됩니다. 즉 벌집 모양 무늬는 그렇게 대류세포들이 이웃세포와 벽을 공유하며 밀착하는 현상이 광범위하게 확대되는 과정에서 발생합니다.

그같은 세포의 협력 작업을 통해 대류는 활발하게 진행되면, 고온의 기름이 상승하며 각 세포 중앙부에 작은 분수가 만들어집니다. 그 같은 힘은 벌집 모양을 유지시킬 뿐만 아니라 열 교란과 기계적 교란 작용에 맞서 기름층을 통해 열에너지의 흐름을 상승시키는 역할을 합니다. 이와 똑같은 방식으로 생물학적 계가 원래 그대로 온존하게 유지되려면 에너지(이 경우에는 먹을 것)가 계속해서 필요합니다. 온도의 기울기가 실질적인 수준까지 증가하면 이제 세포의 무늬들은 파괴되어 사라집니다. 그것은 엄청나게 복잡한 여러 국면을 거치며 진행되는데, 대혼란의 나락으로 진입하기 위한 일종의 전초전에 해당되는 셈입니다.

_ 개리 오디 〈영국, 베드퍼드셔 주, 크랜필드〉 그같은 육각형 무늬는 하층부에서 상층부로 열을 전달하는 유체가 가장 효율적인 흐름을 이룰 경우 광범위한 면적에 걸쳐 나타나는 무늬로, 유체의 두께와 비례해 모두 동일한 너비를 가질 정도로 규칙적인 모습을 띱니다. 고온의 유체가 중앙부로 이동하여 표면에서 식게 되면 육각형은 크기가 수축됩니다. 그같은 종류의 무늬들은 밀리미터 단위의 실험에서부터 태양의 표면 무늬에 이르기까지 천차만별의 크기를 갖습니다.

질문에 대한 답변은 이제까지의 설명으로도 충분했을 것입니다. 그러나 다음 분께서 지적하듯 레일리의 대류 모형에 의한 그같은 설명들이 전적으로 옳기만 했던 것은 아닙니다. 레일리 모형은 가열되는 액체 층의 두께가 어느 정도 두꺼울 경우에만 성립합니다. _ 편집자

_ 리처드 홀로이드 영국, 케임브리지 프라이팬의 뜨거운 기름에서 나타난 그같은 현상은 베나르 대류의 전형적인 사례로, 평평한 바닥에서 가열된 유체의 불안정한 운동이 순환운동으로 전환되는 과정에서 규칙적인 육각형 세포들이 형성됐기 때문입니다. 그같은 불안정성을 설명할 이론을 만든 사람으로 레일리 경이 자주 거론됩니다. 그러나 그의 모델이 틀렸다는 사실은 잘 알려져 있지 않습니다.

밑바닥이 가열되는 평평한 면을 지닌 액체의 수평층을 고민하던 레일리는 한 가지 가정을 합니다. 불안정성은 병진적인 역순환 회전을 형성하며 그같은 역순환 회전은 유체의 밀도에 따라 부력이 달라지기 때문에 일어난다는 것이었습니다. 그것을 토대로 그가 발견적 추론에 의해 연역해낸 육각형 세포의 크기는, 우연하게 베나르가 관찰한 값과 비슷했습니다. 또한 그는 수평층 전체에 걸쳐 그같은 운동이 일어나는 데 필요한 온도기울기의 최소값 역시 예측했지만, 그의 예측값은 베나르가 실험을 통해 세포의 흐름을 유발하기 위해 필요한 것으로 확인한 기울기 값의 자그마치 약 100배에 해당하는 것이었습니다.

연구자들은 레일리의 분석을 다방면으로 확장시켰습니다. 평평한 위쪽 표면의 상태가 시간이 흘러 안정되었을 때, 인접한 유체들의 솟구침 사이로 표면이 상승하는 것이 보였습니다. 아래로 흐르는 유체의 압력을 받고 있는데도 말입니다. 그것은 베나르가 관찰한 것과는 정반대였습니다. 베나르의 실험을 반복한 결과 대류세포들은 판이 식은 후에도 계속해서 생겨났습니다. 레일리의 주장대로라면 유체는 이미 정지해 있어야만 하는데도 말입니다. 위에서부터 가열된 판의 아래에 있는 유체 역시 불안정한 상태였습니다. 이때 중력 그리고 따라서 부력도 0이었습니다.

1950년대 후반 베나르의 대류와 관련된 새로운 모델이 등장했습니다. 이 새로운 모델에 따르면 액체 표면의 온도 변화에 따른 표면장력 변화가 운동을 일으킨다는 것입니다. 이 모델을 적용하면 유체가 상승하려는 힘을 표면장력이 위에서 누르고 있다는 예측이 가능해졌습니다. 레일리와 베나르 효과는 실제로 존재하는 현상입니다. 다만 조건에 따라 어느 한쪽이 더 우세해질 따름입니다. 부력이 운동을 일으키는 것은 자유표면이 없거나 액체층이 10밀리미터보다 두꺼운 경우입니다. 그렇지 않다면 표면장력이 그 흐름을 지배합니다.

어느 힘이 더 우세하냐에 관계없이, 불안정한 흐름이 시작되기 전에 점성 항력(운동을 방해합니다)과 유체 내부의 열 확산(온도기울기를 방해합니다)을 극복할 수 있을 정도로 충분한 수준에 도달해 있어야 합니다. 유체가 부력의 힘으로 흐르는 경우, 아직 불안전한 초기 단계는 레일리 수(부력/열전달의 점성률)의 지배를 받습니다. 표면장력의 힘으로 흐르는 경우라면 마랑고니 수에 따라 달라집니다. 마랑고니 수에서는 표면장력이 부력을 대체합니다.

층이 얇은 액체의 경우 불안정한 흐름은 용기의 모양에 관계없이 규칙적으로 배열된 육각형 세포들을 만들어냅니다. 층이 두꺼운 액체의 경우 유체는 기본적으로 용기의 측면과 평행하게 연속적으로 넘실

거리며 용기의 가장자리 쪽으로 흐르고, 바닥 부분의 온도에 따라 좌우됩니다. 그리고 온도기울기가 증가할 경우 다각형(반드시 육각형일 필요는 없습니다) 세포들로 쇠퇴합니다.

> **먹거리의 과학 | 녹색 빛이 도는 햄**
>
> 햄이나 베이컨에서 가끔씩 보이는 녹색이 낀 무지개 모양 광택은 왜 생기는 것인가요? 아무런 해가 없는 건가요? 그리고 가열하면 왜 사라지나요? 다른 식품에도 생기나요?
>
> **조지너 고드비** 영국, 케임브리지

_ **존 리치필드** 남아프리카공화국, 덴네식 이와 같은 광택은 수분 안에 미량의 지방이 포함된 식품에서 흔히 볼 수 있습니다. 냉각되면 이러한 혼합물은 아주 미세한 두께의 막을 형성합니다. 마치 물에 젖은 도로 위에 뿌려진 기름처럼 말입니다.

허벅다리 윗부분을 얇게 썬 쇠고기나 햄 같은 냉장 육류에서 오팔처럼 근사한 광채를 볼 수 있습니다. 오팔이 아름답게 빛나는 것은 빛을 발하는 미세한 구슬 같은 물질이 굴절지수가 다른 기질 중에 배열되어 있어서 빛의 굴절과 분산을 일으키기 때문입니다. 육류에서 이러한 효과가 생기는 것은 수분이 포함된 근육조직에 분산되어 있는 방울 모양의 미세한 지방 때문입니다. 고기를 가열하면 그런 미세한 방울들이 깨지면서 기질의 광학적 성질에 변화가 생겨 효과가 훼손되는 것입니다.

_ **스테파니 버턴** 남아프리카공화국, 그레이엄스타운, 로드스 대학교 생화학 및 미생물학과 베이컨이나 햄

에서 가끔씩 눈에 띄는 녹색은 비병원성 세균의 활동 때문에 생긴 것입니다. 이 세균은 산소를 운반하는 단백질인 미오글로빈을 파괴해 프로피린 유도체를 만들어냅니다. 커다란 헤테로고리화합물인 이 유도체들이 녹색 빛을 내는 것입니다.

_ 잔 모턴 오스트레일리아, 태즈메이니아 주, 웨스트론서스턴 저희 아버지는 1920~30년대에 오스트레일리아 오지에서 홀로 일하시면서 방금 죽인 짐승의 신선한 고기뿐만 아니라 장시간 나무에 매달아 두어 멋진 녹색 빛을 발하는 고기도 드셨습니다. 아버지는 파리가 꾀는 것을 막기 위해 고기를 자루 안에 담아 두셨습니다.

아버지는 당신이 그런 고기를 먹고도 죽지 않았으니 먹어도 별 해가 되지 않는다고 주장하셨습니다. 하지만 맛이 상당히 변해 있었음은 의심의 여지가 없습니다.

빛은 산란하면 무지개 빛깔들을 만들어냅니다. 그리고 색은 보는 사람의 위치에 따라 달라집니다. 하지만 단순한 무지개 빛깔이라고 보기에는 밝은 초록빛이 너무 두드러진다면 그 고기는 오스트레일리아 오지에서 일하신 분의 튼튼한 위가 아니면 감당해내지 못할 것입니다. _ 편집자

먹거리의 과학 | 달걀 스크램블의 과학

대부분의 물질은 가열하면 녹는데, 제가 요리하는 달걀 스크램블은 왜 액체에서 고체로 변하는 건가요?

— 데이비드 필립스 영국, 워릭

_ 존 리치필드 남아프리카공화국, 서머싯웨스트 고체와 액체 사이의 모든 변화가 용해나 냉각에 의해 일어나는 것은 아닙니다. 플라스틱의 중합이나 달걀 스크램블에서처럼요.

달걀의 노른자위와 흰자위의 조직에는 구상단백질이 용해되어 있습니다. 구상단백질은 사슬처럼 생긴 단백질 분자들이 공처럼 말려 있기 때문에 생깁니다. 이 사슬의 특정 부위에 전기 부하가 걸리면 단백질은 자신의 원래 기능에 맞는 형태로 변합니다. 구상단백질의 바깥쪽에 부하가 걸리면 물을 끌어당김으로써 다른 단백질을 밀어내 그것들의 응집을 방해합니다. 공 모양은 영구히 유지되는 구조가 아니며 그렇다고 전기 부하가 단백질을 매우 단단하게 뭉치게 하는 것도 아닙니다. 가령 가열 등에 의해 심하게 흔들리면 공 모양이 풀리면서 내부의 부하를 내놓습니다. 이것을 변성이라고 하는데, 이렇게 변성된 단백질은 원래의 생물학적 기능에 맞지 않기 때문입니다. 인접한 분자 안에 반대 부하가 걸리면 단백질들이 결합되어 크게 엉킨 상태를 만듭니다. 하지만 님의 소화 효소는 변성되지 않은 단백질보다 이런 엉킨 상태의 단백질을 더 쉽게 분해할 수 있습니다. 그러니 안심하고 드셔도 됩니다.

_ 니콜라스 스미스 영국, 쿰브란, 홀리부시
얼음 등의 고체를 가열하면 분자에 에너지가 전달되어 고체 상태를 유지시켜주던 화학결합이 깨집니다. 액체 상태가 되면 분자는 움직이기에 충분한 에너지를 가지게 되지만 다른 분자들과 완전히 분리되어 기체가 될 정도까지 되지는 않습니다.

날달걀을 가열하면 전적으로 다른 과정이 진행됩니다. 달걀은 물에 뜨는 독특한 단백질로 구성되어 있습니다. 이 단백질은 화학결합에 의해 사슬 모양으로 꼬여 거의 구형에 가까운 형태를 띠고 있습니다. 달걀은 가열되면 이러한 결합이 깨져 분자들이 풀리면서 다른 분자들과 결합돼 물을 가두는 망 모양의 조직을 형성해 고체처럼 단단해집니다. 더 많은 열을 가하면 더 많은 결합이 일어나고 달걀은 수분이 줄면서 더욱 더 고무 같은 상태로 변합니다.

_ 이그나셔스 팽 오스트레일리아, 뉴사우스웨일스 주, 엔필드
달걀은 물에 용해된 단백질들로 구성되어 있습니다. 달걀 흰자위는 대부분 이들로 이루어져 있습니다. 단백질은 20여 종류의 다양한 아미노산으로 구성되어 있습니다. 그리고 아미노산들은 독특하고 비교적 안정된 3차원 구조를 이루며 접혀 있는 중합체 사슬을 만듭니다. 달걀은 가열되면 탈수 상태가 되어 단백질 사슬이 풀리며 변성됩니다. 열은 시스틴아미노산에 있는

황화수소군을 산화시켜 이웃 분자들 사이에 공유결합을 만들어냅니다. 이황화결합이라고 불리는 이러한 강하고 안정된 결합은 사슬을 망 조직으로 만들고, 그래서 달걀이 단단해집니다. 이황화결합은 손톱과 머리카락을 매우 강하면서도 신축성이 있게 만드는 데도 한몫합니다. 머리를 파마할 때 이황화결합은 환원제에 의해 깨집니다. 이것으로 머리카락의 형태를 원하는 모양으로 만든 다음 산화제를 쓰면 공유 결합이 다시 형성되어 새로운 머리형이 유지됩니다.

> **먹거리의 과학 | 시리얼이 떼를 지어 모이는 이유**
>
> 아침 식사용 시리얼을 우유에 부었을 때, 우유에 떠 있던 곡물 입자들을 그릇 가장자리로 모여들게 하는 힘은 어떤 힘입니까?
>
> 존 채프먼 오스트레일리아, 웨스턴오스트레일리아 주, 퍼스

_레이 홀 미국, 일리노이 주, 워런빌 그 힘은 우유에 떠 있던 곡물 입자들이 주위 액체의 표면장력에 끌려가는 힘의 불균형 때문에 생깁니다. 이것은 간단한 실험을 통해 확인할 수 있습니다.

스티로폼 컵 세 개와 수돗물을 준비합니다. 스티로폼 컵 한 개를 오려 지름 1센티미터 정도의 원 모양 조각을 두 개 만듭니다. 한 컵(A)에는 컵 여분이 1센티미터 이내로 남도록 물을 따릅니다. 다른 한 컵(B)에는 넘치지 않도록 주의하면서 표면장력으로 인해 수면이 볼록해질 때까지 물을 따릅니다.

이제 두 컵의 중앙에 스티로폼 조각을 하나씩 띄워봅니다. 컵 A에 띄운 스티로폼이 그 즉시 컵의 가장자리 쪽으로 이동해 정지해 있을 것입니다. 반면에 컵 B에 띄운 스티로폼은 움직이지 않고 가운데 그대로 남아 있을 것입니다. 연필 끝으로 스티로폼을 가볍게 컵 가장자리 쪽으로 밀어보면, 스티로폼은 상당한 힘으로 다시 가운데로 밀려날 것입니다.

이 모든 현상은 물의 표면장력 때문에 일어납니다. 컵 A에서는 스

티로폼과 물이 접촉한 부분의 수면이 위로 볼록하게 올라옵니다. 이것은 물 분자들끼리 서로를 끌어당기는 힘보다 물 분자가 스티로폼을 끌어당기는 힘이 더 크기 때문에 생기는 일입니다. 한편 컵 B는 물 표면의 가운데 부분이 볼록하게 솟아 있습니다. 이것은 액체의 표면적을 최소화하려는 표면장력 때문입니다. 물방울이 공처럼 둥근 모양인 것도 그 때문입니다.

원형의 스티로폼 조각과 물이 접촉하는 면의 물도 역시 위로 볼록하게 솟습니다. 이때 물과 스티로폼 조각이 만나는 곳에서는 각각의 지점을 아래쪽으로 끌어당기려는 표면장력 그리고 물의 표면과 스티로폼이 만나는 지점의 각도에 의해 바깥쪽으로 향하는 힘이 동시에 작용합니다.

스티로폼 조각이 컵의 중앙에 정지해 있는 컵 B에서는 스티로폼 조각의 한쪽 부분을 끌어당기는 힘과 그 반대쪽 부분을 끌어낭기는 힘이 완전히 균형을 이루고 있습니다. 그것은 스티로폼 조각과 물이 닿아 있는 모든 지점에서 물이 같은 각도로 볼록하게 솟아올라 있기 때문입니다.

스티로폼 조각이 컵 가장자리 쪽을 향해 움직이는 컵 A에서는 물의 표면이 컵의 가장자리 쪽으로 갈수록 볼록하게 솟아 있기 때문에 스티로폼 조각과 물이 닿아 있는 부분의 물 표면의 각이 컵 가장자리 쪽으로 갈수록 감소합니다. 따라서 원형 조각 모서리 부분 중 컵의 가장자리와 먼 쪽보다는 가까운 쪽일수록 바깥쪽으로 끌어당겨지는 힘이 더 크게 작용하고 그 결과 스티로폼이 컵의 가장자리 쪽으로 움직이는 것입니다.

이러한 설명은 그릇에 부은 우유의 표면에 뜬 시리얼들이 한데 뭉치는 현상뿐만 아니라 연못이나 호수에 떠 있는 잎이나 잔가지들의 움직임에도 그대로 적용될 수 있습니다.

_ 퍼 툴린 _(전자우편으로 보내주셨으며 주소는 없었습니다) 그것은 어쩌면 그들의 방어 전략일지도 모릅니다. 포식자로부터 자신들을 지키기 위해 떼 지어 몰려 있는 들소처럼 말입니다. 그러고 보니 그 포식자가 바로 질문자님일 수도 있습니다. 그게 아니라면 단순히 그저 우유의 표면장력 때문이겠지요.

> **먹거리의 과학 | 전자레인지 폭발사고**
>
> 제 동료 중 한 명은 생수를 머그잔에 붓고 전자레인지에 차를 끓여 마시는 습관이 있습니다. 물 온도가 오르면 머그잔을 꺼내지요. 그런데 몇 번인가, 차 봉지를 넣었더니 엄청난 거품이 튀었던 적이 있었습니다. 한번은 머그잔을 꺼냈을 때 물이 끓어오른 적도 있었습니다. 어찌나 요란스레 끓던지 잔에 있던 물의 90퍼센트가 날아가더군요. 정말 누가 보더라도 위험천만한 상황이었습니다. 대체 어떤 일이 벌어진 겁니까?
>
> **머리 채프먼** (전자우편으로 보내주셨으며 주소는 없었습니다)

_ 리처드 바턴 영국, 서리 주, 길퍼드 머그잔에 든 물이 과가열된 겁니다. 액체의 온도가 자신의 끓는점을 넘어 비정상적으로 가열됐다는 뜻입니다. 그럴 경우에는 기포 발생에 필요한 결정핵이 형성될 장소가 부족해 오히려 액체가 제대로 끓지 못하게 됩니다.

예를 들어 주전자에 끓일 때는 그런 사태가 발생하지 않습니다. 주전자는 표면이 거칠 뿐만 아니라 물이 가열되며 활발한 대류활동이 일어나기 때문에 주전자 속에선 물이 잘못 끓을 일이 없습니다. 액체에 막흐름이 형성돼 결정핵화를 촉진하는 경우도 있는데, 우리가 콜라를 잔에 부을 때 바로 그런 일이 일어납니다.

동료 분의 경우에는 (다른 경우였다면 결코 문제되지 않았을) 차 봉지를 넣은 행위가 기포 형성을 촉발한 것입니다. 물의 상당 부분이 과가

3. 먹거리의 과학 **129**

열됐더라도 그런 상태에서는 기화에 필요한 잠열도 엄청나게 증가하기 때문에 수증기 발생은 미미한 수준에 그칩니다. 짐작건대, 전자레인지에 너무 오랫동안 잔을 두고 가열시키는 바람에 차 봉지가 결정핵 생성점으로 작용해 곧바로 내용물 전체가 폭발하듯 솟구쳐 레인지 내부를 적시지 않았나 합니다. 그같이 엄청난 증기 분출은 결코 드문 일이 아니므로 전자레인지를 이용하실 때는 매우 신중을 기하셔야 합니다.

_다이앤 원 영국, 케임브리지 과가열된 액체는 무엇이든 집어넣기만 하면 폭발하듯 끓어오릅니다. 질문자께서 보내신 지난번 편지의 사례처럼 말입니다. 용기가 흔들릴 때도 마찬가지 일이 벌어집니다. 저 역시 실험 도중 전자레인지에서 물병을 꺼내다 엄청난 폭발사고를 경험한 적이 있습니다. 유리조각과 뜨거운 액체로 실험실 안이 난장판이 되더군요. 그런 사고를 피하고 싶다면 액체의 종류를 불문하고 전자레인지에서 가열시킨 다음에는 최소한 1분 정도는 기다렸다 레인지를 열거나 액체를 옮기셔야 합니다. 그렇게 잠깐이라도 식을 시간을 주셔야 열이 고르게 분산됩니다. 차를 끓일 때뿐만 아니라 전자레인지에 액체를 끓일 때는 모든 분들이 이같은 안전수칙을 따라주셨으면 합니다.

먹거리의 과학 | 음식을 더 맛있게 먹으려면

온도는 어떻게 음식이나 음료 등의 맛에 영향을 미치나요? 예를 들면 화이트와인, 수돗물, 쿠앵트로, 맥주 심지어는 초콜릿도 차가울 때 먹는 것이 훨씬 더 맛이 좋습니다. 반면 대부분의 조리된 육류 요리뿐만 아니라 차, 커피, 브랜디는 따뜻하거나 뜨거울 때 더 맛이 좋습니다. 영국 맥주와 레드와인은 실온일 때 맛이 더 좋고요. 왜 그런가요?

앤드루 뉴웰 남아프리카공화국, 케이프타운

욘 F. 프린츠 네덜란드, 와헤닝헨 우리가 통상 '맛'이라고 지칭하는 것은 더 정확히 말하자면 '풍미'이고 그것은 맛, 자극, 향기로 이루어져 있습니다. 혀가 감지해낼 수 있는 맛 그 자체는 오직 다섯 종류밖에는 없습니다. 즉 짠맛, 단맛, 신맛, 쓴맛, 감칠맛입니다.

이것들은 온도에 좌우되지 않습니다. 그리고 그것은 고추 같은 자극도 마찬가지입니다. 하지만 향기는 음식물의 온도에 영향을 크게 받습니다. 왜냐하면 휘발성 성분의 발산 상태가 온도에 따라 달라지기 때문입니다. 휘발성 성분은 온도가 높으면 높을수록 더 많이 발산되고 그래서 향기도 강해져 전반적인 풍미가 늘어나는 것입니다.

향이 거의 없는 음식은 가열을 하면 향이 좀더 짙어지지만, 반면에 향이 강한 음식은 높은 온도가 되면 향이 지나치게 짙어질지도 모릅니다. 예를 들면 레드와인은 향이 강한 음식과 함께 실온에서 마시는 것이 좋은데, 음식과 음료가 균형을 이뤄 각각의 좋은 면을 죽이는 것이 아니라 보완하는 쪽으로 작용하기 때문입니다. 반대로 화이트와인은 생선처럼 향이 약한 음식에 곁들여 차갑게 마십니다. 하지만 화이트와인은 실온에서 마실 때 지극히 상쾌한 풍미를 느낄 수 있는데도 차갑게 마시는 것을 보면 어쩌면 이런 일이 그저 단순한 관습일지도 모릅니다.

온도가 요리에 미치는 또 다른 중요한 효과는 전분이 많이 든 소스류의 점성에 미치는 영향입니다. 전분은 열에 반응하기 때문에 높은 온도에서는 점성이 저하됩니다. 음식의 질감은 사람들에게 매우 중요합니다. 전분이 많이 든 소스를 끼얹은 음식을 차갑게 해서 먹으면 느낌이 아주 좋지 않습니다. 하지만 마요네즈처럼 전분이 거의 없는 소스가 든 내용물로 만든 샌드위치라면 이야기는 전혀 달라집니다.

습관이나 문화적인 선호도 큰 관련이 있습니다. 우리 영국인들은 차가운 가스파초를 좋아하지만 미네스트로네는 뜨거운 쪽을 좋아합니다. 맥주는 영국에서는 실온으로 마시지만 대부분의 나라에서는 차갑게 해서 마십니다. 어떤 사람들은 얼음을 띄운 위스키를 선호하지만 다른 사람들 특히 스코틀랜드 사람들은 위스키에 얼음 넣은 것을 끔찍하게 여깁니다. 뜨거운 커피와 아이스커피는 대부분의 사람들이 모두 좋아하는데, 어느 쪽을 선택하느냐는 대체로 주위의 온도에 달려 있습니다. 풍미와 관련해 음식과 음료를 어떤 온도로 먹고 마시는가는 전적으로 환경에 좌우되는 것입니다.

먹거리의 과학 | 맛있는 라거 맥주를 찾아라

텔레비전에서 라거 맥주 광고 두 편을 봤는데 서로 내용이 어긋나더군요. 하나는 미국 맥주 버드와이저 광고였습니다. 라거 맥주의 제 맛을 즐기려면 양조장에서 신속한 포장을 거쳐 소비자에게 전달돼야 한다고 하더군요. 신선한 맥주가 더 맛이 좋다는 뜻이었습니다. 다른 하나는 네덜란드의 흐롤쉬 맥주 광고였는데, 전혀 다른 소리를 하고 있었습니다. 더 좋은 맛을 즐기기 위해서는 오랜 숙성기간을 거쳐 출고돼야 한다는 것이었습니다. 어떤 맥주를 마셔야 잘 마시는 겁니까? 설명 좀 부탁드립니다.

믹 매카시 영국, 미들섹스 주, 노스우드

_ 데이브 마틴 오스트레일리아, 뉴사우스웨일스 주, 혼스비하이츠 라거 맥주의 숙성방식에 대한 질문이군요. 집에서 맥주를 만들어 마시는 저 같은 열혈광이야말로 답변의 적임자일 것입니다.

모든 라거 맥주는 숙성과정을 거친 다음에야 출고됩니다. 그래야 진짜 라거 맥주입니다. 애당초 라거라는 말도 저장을 뜻하는 독일어에서 유래했습니다. 발효가 끝나면 맥주는 저장 즉 라거 단계에 들어갑니다. 그 단계에서 맥주는 낮은 온도를 거치며 숙성돼 특유의 깔끔한 맛을 띠게 됩니다. 라거 맥주의 명성은 바로 그 맛에서 비롯됩니다. 라거 기간은 일주일에서 여섯 달 이상이며, 기간은 종류에 따라 달라집니다. 제 짐작엔 버드와이저와 흐롤쉬 모두 그같은 과정을 거칩니다.

일반적으로 유럽 라거 맥주는 미국 라거 맥주에 비해 복잡한 맛을 냅니다. 미국 라거 맥주들은 대개 맛이 가볍고 단조롭습니다. 복잡한 맛의 맥주가 나오려면 라거 기간이 길어야 합니다. 따라서 유럽 라거 맥주들은 미국에 비해 더 긴 숙성기간을 거칩니다.

라거 단계가 끝나면 맥주는 병에 담깁니다. 병맥주는 빛과 산소 혹은 고온에 의해 쉽게 변질됩니다. 변질을 최소화하려면 신속한 운송과 판매가 필요합니다. 간단히 말해 두 광고가 다 맞다는 뜻입니다. 제 맛을 내려면 숙성이 필수적입니다. 숙성됐으면 신속한 전달이 급선무입니다. 어느 맥주를 마셔야 하느냐? 그거야 본인의 입맛을 따르셔야죠.

_ 데이비드 세파이 ^{몰타, 산 구완} 두 광고 모두 맞습니다. 서로 한쪽 면만 이야기해서 헷갈리신 겁니다.

발효가 끝난 맥주는 우선 섭씨 4~7도의 서늘한 온도에서 숙성과정을 거쳐야 합니다. 그 과정에서 잔존 효모는 대사활동에 들어가고, 양조 단계에서 영양분을 상실했던 맥주는 이제는 방출했던 화합물을 재흡수합니다. 그중 가장 중요한 것이 디아세틸로 맥주에 버터스카치 맛을 돌게 합니다. 그러는 동안 맥주에서는 효모 함량이 줄어듭니다. 효모가 침전물로 쌓이기 때문이죠.

그런 다음 맥주는 섭씨 영하 1도 이하의 온도에서 냉동됩니다. 그 과정에서 일어나는 단백질의 응고 및 침전은 맥주의 물리적 보존 기간 즉 맥주가 탁해지는 데 걸리는 시간을 연장시켜줍니다. 이 모든 과정이 끝나야 맥주는 비로소 여과돼 병에 담깁니다.

바로 그 단계부터 맥주의 품질은 곤두박질칩니다. 병에 담는 것 자체가 맥주 맛을 크게 손상시킵니다. 맥주는 여과되고 펌프질당하고 포장되고 저온에서 살균처리당합니다. 산소에 의한 부분적 오염은 불가피하고, 그 결과 맥주 속 화합물에 즉각적인 영향을 미쳐 맥주 맛은 변질되기 시작합니다.

결론은 이렇습니다. 오래 숙성시키되 오랜 숙성 끝에 맛이 익었다면 맛이 변하기 전에 한시바삐 드시란 뜻입니다. 같은 바구니에 들었다 해도 일주일 지난 맥주와 한 달 묵은 맥주는 어지간한 사람들의 입맛에도 금세 구분될 정도입니다.

_**론 디폴드** 미국, 캘리포니아 주, 샌디에이고, 맥주제조업자 발효를 갓 마친 맥주를 우리는 '생' 맥주라고 부릅니다. 생맥주는 금방 잘라낸 풀잎 같은 홉의 맛을 그대로 유지하지만 굵은 설탕을 사용한 벨기에 캔디류 같이 알싸한 맛이 코를 찌르기도 합니다. 숙성과정 즉 라거라는 아주 느린 발효기간을 거치며 생맥주의 맛은 원숙하고 더욱 섬세해져 복잡함을 더해가게 됩니다.

맥주는 일정 시점에 이르러 최정점에 도달한 다음부터는 곧 맛을 잃기 시작합니다. 페일에일은 발효 후 한 달에서 석 달 사이가 맛의 최정점인 반면, 중후한 임페리얼 스타우트는 몇 년이 지나도 여전히 진한 맛을 냅니다. 많은 맥주 전문가들에 따르면 미국 취향의 버드와이저 맥주가 아주 가벼운 첫 맛을 내는 까닭은 제조과정에서 시종일관 엄격한 품질관리가 이루어지는 까닭에 짧은 성숙 및 정제 기간에도 불구하고 맛이 손상되지 않기 때문이라고 합니다. 반면 유럽에서는 더욱 복잡한 맛을 즐기기 위해 더 긴 라거 과정을 거칩니다.

저온 살균처리 단계를 마치면 맥주는 본질적으로 맛의 변질에 무방비 상태로 노출됩니다. 공장을 떠나 소비자의 손에 들어가기까지 모든 온도 변화는 맥주의 맛을 떨어뜨릴 뿐입니다. 더욱 나쁜 소식은 홉에서 생기는 알파산이라는 화합물들이 빛에 민감하다는 사실입니다. 빛은 맥주 속의 이소후물론을 분해해 3-메틸-2-부틸렌-1-티올을 생성시킴으로써 맥주에서 지독한 방귀냄새가 풍기게 합니다. 짐작하신 그대롭니다. 스컹크 방귀에서도 그것과 똑같은 화합물이 발견됩니다. 갈색 맥주병은 그같은 과정을 지연시키지만 녹색이나 투명한 병은 거의 아무런 효과를 발휘하지 못합니다. 일부 맥주 제조업자들은 홉 화합물을 화학적으로 조절해 맥주가 스컹크 방귀 같이 되는 것을 막습니다만 설사 그렇더라도 가장 좋은 방법은 불투명 용기를 사용하는 것입니다. 그 가운데 강철 맥주통은 타의 추종을 불허합니다.

따라서 두 광고 다 맞는 이야기입니다. 최고의 맛을 위해서라면 얼마가 됐든 오랜 숙성과정이 필수입니다. 그러나 최고의 맛에 도달했다면 즉석에서 당장 드시는 것이 이상적입니다. 살균처리가 막 끝났을 때 마신다면 더할 나위가 없겠습니다.

_앨런 헨더슨 영국, 앤하우저부시 맥주 주식회사 생산이사 맥주가 얼마 동안에 걸쳐 제조되며 얼마나 빨리 소비자들의 손에 전달되느냐는 제조, 포장, 유통으로 이어지는 전체 과정의 서로 다른 두 측면일 따름입니다. 따라서 두 광고의 주장은 서로 상반되지 않으며 좋은 맥주 맛을 보증하기 위한 상보적 측면에 해당된다 하겠습니다.

저희 앤하우저부시 사에서 생산 중인 버드와이저 맥주는 최적화된 시간관리를 통해 그 특유의 상쾌하고 강렬한 맛을 선사하고 있습니다. 맥주 제조와 숙성을 위해서는 시간이 필요하다는 사실에 제조업자라면 누구나 공감하겠지만, 저희는 거기에 더해 소비자들에게 신선한 맛을 전해드리고자 포장에도 신경 쓰고 있습니다. 저희 회사에서는 맥주를 가장 신선하게 드시려면 110일 이내에 드실 것을 권장하고 있고 그래서 저희 맥주에는 '탄생' 날짜가 명시되어 있습니다.

저희는 소비자들께서 원하는 것은 어떻게 마셔야 최고의 맛을 즐길 수 있는가라는 사실을 알고 있습니다. 사실을 말씀드리겠습니다. 신선한 맥주가 더 좋은 맥주다, 그것이 저희의 신조입니다.

먹거리의 과학 | 거품은 잔을 넘치지 못하고

발포 포도주나 맥주를 마른 유리잔에 부으면 거품이 넘칩니다. 젖은 잔에 부을 때는 그렇지 않더군요. 발포 포도주를 거품이 잔 테두리까지 차오르도록 따른 후 거품이 가라앉을 때까지 기다립니다. 그런 후 나머지 부분을 재빠르게 따르면 거품이 넘치는 일이 없습니다. 왜죠?

— H. 시드니 커티스 오스트레일리아, 퀸즐랜드 주, 호손

_ D. P. 메이틀런드 영국, 웨스트요크셔 주, 리즈 대학교 순수 및 응용 생물학과

맥주나 발포 포도주를 비롯해 모든 거품 음료는 가스가 과포화된 용액들입니다. 열역학 법칙에 따라 용액은 가스를 밀어내려 하지만 실제로는 그러지 못합니다.

거품은 아주 작은 크기로 일어나기 시작해야 하는데, 그 작은 거품들은 지름이 0.1마이크로미터에 불과하지만 압력은 약 30기압에 육박합니다. 압력이 증가하면 가스의 용해도도 증가하므로(헨리의 법칙) 가스는 나올 때만큼이나 빠른 속도로 재용해됩니다.

거품은 먼지 입자나 불규칙한 표면 그리고 긁힌 자리 주변에 잘 생깁니다. 그같은 결정핵 생성 지점에서 발생하는 물밀침(소수성) 작용으로 인해, 최초의 작은 거품을 형성하는 단계는 건너뛰고 바로 가스 주머니가 형성됩니다. 가스 주머니가 일단 임계점에 도달하면 곡면의 반지름이 저절로 터지지 않을 정도만큼 커지며 완벽한 볼록렌즈 거품

으로 부풀게 됩니다.

_앨런 디즈 ^{영국, 노샘프턴셔 주, 대번트리} 덧붙이자면 폭포효과라는 것이 있습니다. 단위 부피당 거품의 수가 특정 임계점에 도달하면 물리적 교란이 일어나 더 많은 거품이 생성된다는 것입니다.

결정핵 생성작용을 일으키는 것들은 다양합니다. 센물에 헹군 후 공기 중에 건조시킨 잔에는 미세한 소금 결정(예를 들어 황화칼슘)이 남을 수 있습니다. 행주로 닦은 잔에는 작은 면화 섬유가 남기도 합니다. 일정 시간 똑바로 세워 건조시킨 잔에는 먼지 입자가 있을 수 있습니다. 갓 출고된 제품이 아니라면 어느 유리잔에든 긁힘이 있을 수 있습니다.

유리잔 내부에 물기가 있으면 소금 결정들은 녹아 없어지고 면화 섬유들은 결정핵 생성체로 작용하지 못합니다. 물론 대부분의 먼지 입자와 모든 긁힘 자국은 여전히 남아 있지요. 그러나 그것들은 물기에 덮여 있으며 신선한 탄산액체는 확산작용에 의해 그들과 느린 속도로 접촉합니다. 그래도 거품은 생기지만 속도가 너무 느려 폭포효과는 일어나지 않습니다. 그 결과 거품은 잔을 넘치지 못하는 것입니다.

_로널드 블렌킨소프 ^{영국, 에식스 주, 웨스트클리프온시} 윗분의 말씀을 직접 확인하고 싶다면, 잔 안쪽을 기름으로 빈틈없이 닦아주세요. 거품 방지용 표면처리제로는 물보다 기름이 효과적이거든요. 그다음 이왕이면 레모네이드

같이 저렴한 탄산음료를 부으십시오. 거품 따윈 전혀 혹은 거의 생기지 않을 겁니다. 또 잔에 굵은 설탕 한 큰술을 듬뿍 넣으면 그것들이 결정핵 생성체로 작용해 거품이 화산 폭발을 일으킨답니다.

_ **토니 플러리** 영국, 서퍽 주, 입스위치 현대적인 제조기술 덕분에 오늘날의 유리 제품들은 품질이 워낙 뛰어난지라 일부 제조사들에선 일부러 결함 있는 제품을 만들 지경에 이르렀습니다. 맥주잔이 특히 그렇습니다. 거품이 보기 좋게 터져 술이 턱밑까지 솟구치게 하려는 거죠.

> **먹거리의 과학 | 그게 그렇게 중요해**
>
> 레드와인의 향을 제대로 살리려면 마시기 전에 와인이 숨을 쉬게 해줘야 한다고 하지 않습니까. 교양 없어 보일까 두렵지만, 그렇다면 칵테일셰이커에 따라 10초간 흔들었다가 거품이 사라지길 기다리는 것이 더 빠르지 않을까요?
>
> **크리스 잭** 영국, 런던

_ 폴 마브로스 그리스, 테살로니키, 아리스토텔레스 대학교   와인을 개봉해 한동안 공기를 쏘이는 이유는 와인의 휘발 성분과 아로마(첫째 향) 성분을 기화시켜 그윽한 부케(둘째 향)를 음미하기 위해서입니다. 술 흔들기는 전혀 다릅니다. 술을 흔들면 술과 가스가 혼합돼 술 속에 산소가 최대한 많이 섞이게 됩니다. 그렇게 산화된 술은 아주 다른 맛을 냅니다. 어떤 술은 맛이 좋아질 수도 있습니다. 그러나 와인을 산화시키면 식초가 됩니다. 제 생각이지만 우리가 원하는 맛이 식초 맛은 아닐 겁니다. 따라서 술을 '젓지 말고 흔드는' 혹은 그 반대로 하는 진짜 이유는 잔에 든 내용물에 따라 달라진다고 봐야죠.

_ 올리버 슈트라웁 스위스, 바젤   레드와인을 디캔트하는 일반적인 이유는 지난 몇 년 사이에 변했습니다. 두 측면에서 변화가 있었기 때문입니다. 하나는 와인 제조기술의 변화이고 다른 하나는 와인에 대한 사람들의 기

호 변화입니다.

와인을 디캔트하던 원래 이유는 와인에 제거해야 할 것들이 있었기 때문입니다. 침전물에서 생긴 유기미립자, 주석산과 타닌 화합물과 으깬 포도즙에 있던 원래의 마이크로미립자들이 만든 집합체, 와인 숙성과정에서 발생한 단백질 물질 등이 그것입니다.

그 미립자들은 크기가 매우 작은데다 와인에 비해 밀도가 그리 높은 것도 아니기 때문에 스토크스 법칙에 따라, 만약 병을 부주의하게 움직여 한번 떠오르게 되면 아주 극도로 느릿느릿 바닥으로 가라앉습니다.

그래서 와인을 기울여 따라주는 멋진 자동기계장치가 있었던 것입니다. 와인 각도를 이 기계로 정교하게 조절하면 미립자들이 떠다니는 것을 막을 수 있습니다.

디캔트의 또 다른 이유는 와인에서 둘째 향(부케)을 신속히 끌어내기 위해 공기를 쐬어야 하기 때문입니다. 오래 묵은 와인들은 공기 쐬기 과정을 통해 후각을 자극하는 성분의 일부가 사실상 사라지거나 금세 맛이 변하기 쉬웠지만, 첫째 향과 둘째 향을 서로 다른 비율로 조율한 최신 와인과 참나무통 숙성 와인에 대한 사람들의 기호가 늘어나자 그에 부응해 와인 숨쉬기를 위한 디캔트 방식에도 변화가 생겼습니다.

이탈리아 같은 경우에는 많은 진보적인 양조업자들이 새로운 혼합 비율과 참나무통 숙성 방법을 실험한 결과, 디캔트하면 곧 병의 내용물을 직접 디캔터에 따라놓음으로써 와인이 공기와 마음껏 뒤섞이며 요란스런 혼돈을 일으키는 것을 의미할 정도입니다.

확신에 찬 소믈리에의 손에서 이루어지는 디캔트 작업은 황홀하기 그지없어 보이기도 합니다. 이탈리아의 현대적 디캔터들 중에는 평평한 모양을 취한 것들도 있습니다. 와인이 더 잘 숨을 쉬도록 공기와 접촉하는 면적을 최대화하기 위해서입니다.

_ M. V. 웨어링 영국, 에식스 주, 브레인트리 레드와인은 일반적으로 상온에 두었다 마시는 것으로 알려져 있습니다. 그 이유는 레드와인을 상대적으로 온도가 낮은 곳(마루 근처)에 저장하는 경우가 많기 때문에 이른바 숨쉬기 절차의 가장 중요한 측면 역시 와인의 온도를 높이는 데 있다는 것이 우리의 일반적 상식입니다.

그러나 영국의 기온은 다소 낮은 경우가 많으며 레드와인은 섭씨 30도에서 마셔야 일반적으로 최고의 맛을 냅니다. 레드와인 병을 전자레인지에 넣고 최고 출력으로 50~60초(시간은 계절에 맞게 조절하세요) 정도 가열하면 와인을 숨쉬게 해야 하는 수고스러운 절차를 생략하고도 우리가 원하는 효과를 얻을 수 있습니다. 단 한 가지, 금속 박지와 코르크 마개를 벗겨야 한다는 점을 절대 잊으시면 안 됩니다. 전자레인지 대신 와인을 칵테일셰이커에 넣고 뒤흔드는 방법도 고려해볼 만하지만, 그 결과는 예측불허의 산화과정이 진행돼 초산 등 여러 산화물이 만들어져 맛에 부정적인 영향을 미치는 사태가 벌어질 수 있습니다.

섭씨 30도 상태의 레드와인은 화학자들만 마십니다. 와인 전문가들이 제시하는 권장 온도는 섭씨 17도 내외입니다. _편집자

시시콜콜 궁금증?

4. 탈 것과 날 것

> **탈 것과 날 것 | 에스컬레이터 다시 타기**
>
> 에스컬레이터를 타다가 손잡이가 항상 계단과 다른 속도로 움직인다는 것을 알았습니다. 둘이 같은 속도로 움직이는 줄 알았는데 사실은 그렇지 않았던 겁니다. 왜 그런 겁니까?
>
> **베른트 하우프트** 독일, 뉘른베르크

_ 요한 위스 ^{남아프리카공화국, 벨빌} 계단과 손잡이는 같은 속도로 움직이게 설계됐으며 같은 전기모터에 의해 작동합니다. 모터에 연결된 구동기어는 계단을 움직이고, 그곳에 장착된 벨트가 돌아가 손잡이를 움직이는 것입니다. 이론상으로는 계단과 손잡이가 처음 설치됐을 때처럼 같은 속도로 움직여야겠지만 손잡이는 사람들이 사용하면서 닳거나 늘어납니다. 그 결과 속도가 달라지는 것입니다. 손잡이의 잘못된 설치, 롤러 멈춤, 부분적 눌림, 혹은 손잡이 구동 표면의 오염 등도 속도에 영향을 미칠 수 있습니다.

_ 리처드 A. 케네디 ^{미국, 펜실베이니아 주, 웨스트체스터, 리처드 A. 케네디 & 어소시에이츠, 승강기 및 기타 수직이동 장치 관리감사} 손잡이의 속도는 달라질 수 있습니다. 물론 당연히 그래야 한다는 뜻은 아닙니다. 미국표준협회 표준 ANSI A17.1항에 따르면 손잡이의 속도는 구동 반대방향으로 444.8뉴턴의 힘을 가해도 변화하지 말아야 한다고 규정하고 있습니다. 그런 규정을 준수하기 위해

가끔 손잡이의 속도를 계단 속도보다 약간 느리게 조정해놓기도 합니다. 에스컬레이터는 표준번호 ANSI A17.1-1990항의 규정에 따라 설치되며, 같은 규정에 따라 반드시 손잡이 속도감지장치를 갖추어야 합니다. 만일 손잡이의 속도에 15퍼센트가 넘는 변화가 감지되면 모터 드라이브는 모든 동작을 멈추고 브레이크가 작동합니다.

_ 제프리 우드 오스트레일리아, 캔버라   에스컬레이터의 손잡이는 내부에서 작동하는 고무 타이어 바퀴의 마찰력으로 움직이며, 그 미끄러짐의 정도가 완벽히 균일하지는 않지만 그렇다고 불규칙한 것도 아닙니다. 손잡이 안쪽 천에 기름이나 먼지가 쌓여 약간의 미끄러짐이 발생한 경우가 가장 일반적입니다. 물론 그런 것들을 청소로 해결하고 나면 손잡이의 천은 거칠음을 되찾아 더 많은 마찰력을 얻게 됩니다. 승객들이 손잡이를 잡아당기는 경우에도 미끄러지는 현상이 발생합니다.

손잡이 구동장치의 속도가 계단 구동장치의 속도와 달라질 가능성은 늘 있습니다. 그래서 손잡이는 속도를 늘 재조정해 주어야만 합니다. 손잡이 구동 바퀴의 지름은 일반적으로 1~1.2미터입니다. 따라서 구동 타이어에 2밀리미터의 마모가 발생할 경우, 계단이 1미터 이동할 때 손잡이는 대략 4밀리미터 정도 뒤처지는 결과를 낳을 수도 있습니다. 그런 차이를 알아차리기란 지난합니다.

손잡이가 미끄러지는 또 다른 원인은 구동 타이어나 손잡이 윗부분의 부분적인 마모 현상입니다. 그중 어느 하나만 잘못돼도 십중팔구 미끄러짐이 발생합니다. 드문 일이기는 하지만, 특정 제조사 제품에서는 구동체인이 헐거워져 톱니 한두 개를 건너뛰는 현상이 생기기도 합니다. 그런 경우에는 요란한 소음과 함께 손잡이가 갑자기 덜컹덜컹 흔들립니다.

_ 바미니 교어 영국, 런던, 오티스 주식회사 영국표준 EN115: 1995항에 따르면 손잡이와 계단 속도는 2퍼센트 이내에서 일치해야 합니다. 손잡이와 계단은 하나의 원동기에 의해 체계적으로 움직이므로 이론적으로는 둘의 속도가 일치해야 맞습니다. 문제는 현실입니다. 계단장치는 정밀하게 제작된 금속 재료로 만들어지는 까닭에 쉽고 정확한 속도 조절이 가능합니다. 반면 손잡이는 마찰력으로 움직일 뿐만 아니라 고무와 네오프렌 합성고무 성분으로 만들어지기 때문에 구조적으로 미끄러짐에 취약하며 하중과 마찰력 손실로 미끄러지거나 늘어나기 쉽습니다. 따라서 정확한 속도 조절이 더욱 어렵다는 손잡이의 특성을 고려해 영국표준에서는 2퍼센트라는 허용범위를 인정한 것입니다.

사실, 약간의 미끄러짐은 안전 수준을 실제적으로 증가시킵니다. 미끄러짐이 손잡이에 어떤 구조적 장애를 일으키지만 않는다면 말입니다.

> **탈 것과 날 것 | 수은은 안 돼요**
>
> 최근 비행기에서 기내 반입 금지물품 목록을 살펴보았습니다. 놀랍게도 수은 온도계를 가지고 탈 수 없더군요. 도대체 안 되는 이유가 뭔가요?
>
> **릭 이러호** 영국, 웨스트요크서 주, 클렉히턴

_ 하비 러트 영국, 사우샘프턴 대학교 컴퓨터 전자공학과 비행기의 상당 부분은 알루미늄으로 만들어졌는데, 놀라운 사실은 아주 적은 양의 수은만으로도 상당량의 알루미늄이 훼손된다는 점입니다. 알루미늄은 얼핏 비활성물질처럼 보이지만 사실 공기 중의 산소와 격렬하게 결합하는 반응성금속이기도 합니다. 그러나 그같은 반응은 즉각적으로 얇고 거친 산화물층을 형성함으로써 계속적인 부식은 발생하지 않습니다. 오히려 알루미늄은 산화피막에 의해 두껍게 보호됩니다.

수은은 알루미늄의 산화물 방어막을 파괴시키며 그 정도는 우리의 상상을 초월합니다. 수은은 알루미늄을 녹여 아말감을 형성함으로써 그 밑에 있는 산화물층을 파괴합니다(아마도 초기 부식은 산화물층의 미세한 약점을 통해 이루어질 것입니다).

수년 전 저와 함께 일하던 연구원이 수은 몇 방울을 나무 벤치에 떨어뜨린 일이 있었습니다. 벤치의 모서리에는 보호용 알루미늄 조각이 나사로 덧대어져 있었습니다. 다음날 아침 알루미늄에는 커다란 구멍

이 뚫렸고, 주위의 목재 부분은 시커멓게 파였으며, 수은에 취약한 알루미늄 산화물층이 커다랗게 솟아오른 모습은 마치 기괴한 산호초를 방불케 했습니다.

예전 같았으면 멋진 화학실험이었을 텐데 이제는 수은의 독성 때문에 얼굴이 찡그려지더군요.

언젠가 한번은 제 앞에 있는 승객이 기압계를 들고 비행기를 타려다 제지당한 일도 있었습니다. 기압계 역시 금지품목에 올라 있었으니까요. 특이하게도 속이 텅 빈 기압계였지만 마찬가지였습니다. 제가 나서서 위험하지 않다고 직원들을 설득했지만 막무가내더군요. 그들은 위험한 것은 수은일 뿐 기압계 자체가 아니라는 사실을 모르고 있었습니다. 그들이 과연 고도계가 어떻게 작동하는지나 알고 있을까 라는 의문이 들었습니다.

_ 로드 패리스 _{영국, 옥스퍼드셔 주, 키들링턴, 옥스퍼드 공항 에어 메디컬 사} 액체수은의 유동적 성질을 고려한다면 부식성 아말감은 구조적으로 더욱 깊숙한 부위에서 형성될 것 같습니다. 수은이 흘러 떨어진 항공기는 검사소로 들어가 아말감의 존재가 확인될 때까지 나오지 못합니다. 불행히도 그런 비행기는 폐품 처리될 확률이 높습니다. 공학 교과서에 따르면 아말감은 목재의 부식처럼 느리게 주변으로 번져나가기 때문입니다.

_ 제임스 후컴 _{영국, 켄트 주, 턴브리지웰스, 화물운송협회(FTA)} 수은은 여타의 일반 화학물과

함께 국제연합(UN) 산하 국제민간항공기구(ICAO)에서 공표한 국제 규약에 의해 '위험물질'로 분류되고 있습니다. 수은이나 수은을 함유한 품목 일체는 수하물로든 운송화물로든 기내 반입이 허가되지 않습니다. 단, 개인적 목적으로 사용되는 의료용 체온계는 보관함에 넣었을 경우에 한해 예외적으로 허용됩니다.

수은 함유 품목의 운송이 필요한 경우에도 반드시 항공화물편을 이용해야 합니다. 국제민간항공기구 규약은 그럴 경우에 따라야 할 사항들을 자세하게 명시해놓고 있습니다.

이런 규정에서 영국만은 예외라고 생각하시면 곤란합니다. 위험물질을 소지함으로써 항공기를 위험에 빠뜨리는 행위는 1982호 민간항공법에 의해 고소·고발 및 무거운 벌금형에 처해질 수 있습니다. 수은이 엎질러지는 사고를 당한 항공기에는 운행 중단 조치를 내릴 필요가 있습니다. 항공사와 항공기 제작사는 손실 비용을 우리 혹은 우리의 고용주한테서 만회하겠죠.

> **탈 것과 날 것 | 귀 멍멍 코 멍멍**
>
> 비행기가 뜨고 내릴 적마다 우리는 누구나 귀가 멍멍해진다는 사실을 잘 알고 있습니다. 기압 변화 때문에 일어나는 일이지요. 여객기 객실의 기압이 인위적으로 조정된다면, 왜 기체 내의 압력이 비행 내내 일정하게 유지되지 않는 건가요?
>
> — 크레이그 린지 영국, 애버딘

_ 테렌스 홀링워스 프랑스, 블라냑 연료 절약을 이유로 대형 민간 여객기들은 인간의 생명유지 능력의 한계를 훌쩍 뛰어넘는 고도를 비행합니다. 고도 5500미터가 인간이 단 얼마간이라도 목숨을 이어나갈 수 있는 대략적인 상한선인데도, 아음속 제트여객기들은 연료를 최대한 아끼기 위해 약 1만 2000미터의 고도로 날아갑니다.

따라서 항공기 제작사들은 여객기 내부의 압력을 높일 수밖에 없습니다. 그것은 엄청난 기술적 난제를 낳습니다. 기압이 해수면의 5분의 1 정도에 불과한 1만 2000미터 고도에서 비행기 기체는 내부의 압력으로 인해 산산조각나기 일보직전입니다. 내부의 압력은 갇혀 있어야 하고 기체가 비행 중 늘어나거나 휘어지더라도 그 정도는 안전범위 이내로 국한돼야 합니다. 그렇게 비행기 내외부 간의 압력차를 최소화할 수 있다면 동체구조를 더 싸고 가볍게 설계할 수 있습니다.

민간 항공사들에게 이것은 기내 압력을 최소한의 안전을 보장하는 고도인 2500미터로 유지함을 뜻합니다. 바로 그것이 신체 건강한 정상인이 부작용을 일으키지 않고 견딜 수 있는 최대 고도입니다. 아무리 그렇더라도 기준 미달자나 호흡기 질환자 그리고 면세용 주류를 다소 과도하게 시음한 사람들은 이런 고도에서도 부작용을 경험할 수 있습니다.

문제는 또 있습니다. 공항마다 고도가 제각각입니다. 극단적인 예를 들어 영국 히드로에서 볼리비아 라파스로의 비행은 해수면에서 5200미터로의 고도 변화를 수반합니다. 라파스의 기압은 해수면의 절반 정도 수준에 불과합니다. 그런 비행 조건에서 기내 압력을 일정하게 유지하기란 도저히 불가능한 일입니다. 내외부의 압력이 다른 상황에서 문을 열었을 때 어떤 일이 벌어질지 상상해보십시오. 대단한 장관과 더불어 가장 바람직하지 않은 사태가 벌어질 겁니다.

귀가 멍멍해지는 것에 대해 말씀드리자면, 최근에는 모든 것이 컴퓨터로 조절되어 '안전하고 쾌적한 여행을 위해' 비행기 상승시에는 기내 압력이 다소나마 줄어듭니다. 하강시에는 서서히 증가하여(라파스를 비롯해 고지대에 위치한 공항에서는 감소하여) 비행기가 활주로에 정지할 즈음에는 안팎의 압력이 똑같아집니다. 그 정도면 우리 귀에도 별다른 부담을 주지 않습니다. 하지만 그럼에도 고통을 느끼신다면 코를 꽉 쥐고 기압이 같아졌다고 느껴지실 때까지 코 안의 압력을 높여주시면 좋습니다.

_아서 콕스 ^{영국, 햄프셔 주, 올턴} 콩코드 비행기를 타고 여행을 하시면 좋습니다. 기체가 아주 야무져 매우 높은 고도로 비행해도 기내 압력이 전혀 떨어지지 않아 마치 900미터 상공을 비행하는 듯한 기분이 듭니다.

> **탈 것과 날 것 | 배의 동그란 창문**
>
> **왜 배의 선체 창문은 동그랗습니까? 언제부터 창문을 그렇게 만들기 시작했나요?**
>
> **캠벨 먼로** 영국, 스트래스클라이드 주, 오번

_ **데이비드 로드** 영국, 햄프셔 주, 올더숏 짐작컨대 옛날 목재 선박의 사진이나 그림들을 보고 보내주신 질문인 것 같습니다. 목재 선박의 창문(주로 대포 발사용 포문이었습니다)은 사각형 아니면 직사각형이었죠. 따라서 왜 철제 선박에서는 창문이 동그래졌는지가 궁금하셨던 모양입니다.

목재 선박들은 조선 자재가 섬유질로서 매우 유연합니다(목조선박들이 실제로 삐걱대는 소리를 내는 것은 파도 작용 때문에 목재가 휘기 때문입니다). 그러나 나무는 피로응력에 대해 강한 저항력이 있으며 젖은 나무는 특히 더 강합니다. 젖은 버드나무 가지를 구부렸다 폈다를 반복해서 부러뜨려보십시오. 그리고 이번에는 비슷한 굵기의 연강봉 막대를 가지고 그렇게 해보십시오. 철제 금속(사실 대부분의 금속)들은 반복적인 응력교체(應力交替)를 받으면 결정화되어 구부리기가 대단히 쉬워집니다. 이러한 효과는 단면, 열처리 정도, 탄소 함유량, 합금 성분에 따라 달라집니다.

19세기 말에 이르러 철갑이 상선에 뒤이어 전함에 보편화됐습니다.

조선 기술자들은 배에 있는 모든 사각형 혹은 직사각형 구멍들은 그것이 갑판에 있든(해치) 본체에 있든(포문), 모서리에서부터 비롯되는 금속피로의 원흉이라는 사실을 즉각 알아차렸습니다. 파도의 작용으로 인해 주기적으로 손상을 입기 때문에 갑판과 본체가 말 그대로 찢어지는 사태가 벌어졌던 것입니다. 파도가 거칠수록 변형력의 크기도 커졌습니다. 기상 조건이 최악이라면 운수 사나운 선원들은 배가 산산조각 나 침몰하는 꼴을 당하기 딱 좋았습니다. 따라서 군함 설계자들은 원형 포문을 필수화했으며 갑판 해치의 네 모서리를 모두 부채꼴로 만들어버렸습니다. 그래서 이제 변형력이 집중되는 날카로운 모서리를 선체 어디에서도 찾아볼 수 없게 된 것입니다.

탈 것과 날 것 | **철썩!**

어린 시절부터 늘 머릿속을 혼란스럽게 만들어온 역설이 하나 있습니다. 파리가 주행 중인 열차와 반대방향으로 날다가 열차와 정면충돌을 합니다. 그러면 파리의 운동방향은 180도 바뀝니다. 왜냐하면 앞유리에 충돌한 파리는 형체를 알아볼 수 없을 정도로 뭉개져 열차 정면에 그대로 붙어 열차를 따라 움직이기 때문입니다. 운동방향이 바뀌는 순간, 파리는 정지한 상태여야만 합니다. 그리고 그 순간 파리는 열차의 앞에 붙어 있기 때문에 열차 또한 반드시 정지 상태가 되어야만 합니다. 따라서 파리 한 마리가 기차를 멈출 수도 있는 것이 됩니다. 이 논리는 어디가 잘못된 것입니까? (혹은 영국의 철도라면 뭔가가 설명이 될 수도 있지 않을까요?)

조프 플릿 미국, 일리노이 주, 에번스턴

_ **에릭 데이비스** 오스트레일리아, 웨스턴오스트레일리아 주, 퍼스 님이 옳습니다. 파리는 열차를 멈추게 합니다. 하지만 열차 전체는 아닙니다. 파리는 단지 자기와 접촉한 아주 작은 부분만을 멈추게 했을 뿐이고 게다가 그 시간도 길지 않습니다.

아무리 딱딱해 보이는 물체일지라도 약간의 유연성은 있습니다. 따라서 기차의 앞유리 역시 아주 미세하게나마 뒤로 구부러집니다. 열차의 이 아주 작은 부분은 짧은 시간 동안 멈출 뿐만 아니라 실제로 뒤로 움직이기까지 합니다. 그렇게 되려면 상당한 힘이 필요합니다

(유리는 꽤 단단합니다). 하지만 잊지 말아야 할 것은 충돌 때 생기는 힘은 그것이 어떠한 종류이건 상관없이 대체로 상당히 강력합니다.

파리가 열차에 가한 힘은 열차가 파리에 가한 힘과 크기가 똑같습니다. 커다란 힘이죠. 그리고 그런 힘이 파리같이 질량이 작은 물체에 작용할 때는 대단히 큰 가속이 발생합니다. 실제로 파리의 가속률은 앞유리가 구부러질 때 걸리는 짧은 거리에서나마 열차를 가속시킵니다. 가속된 파리와 부딪힌 앞유리는 다시 원래의 모양으로 되돌아옵니다. 앞유리가 너무도 빨리 회복되기 때문에 구부러진 부분은 실제로 원래 위치보다 더 앞으로 튀어나옵니다. 그리고 앞뒤로 왔다가다 하면서 원래의 모양을 찾는 동안 진동이 발생합니다. 파리가 앞유리에 부딪혔을 때 소리가 나는 것은 바로 이 때문입니다. 언뜻 보기에는 단순한 것 같지만, 여기에는 뭉개진 파리의 몸, 유리의 관성 효과 같은 요소들도 복잡하게 얽혀 있습니다. 그럼에도 이 문제와 관련된 원리 자체는 이해하실 수 있으실 것입니다.

_ **줄리언 빈** 영국, 서리 주, 리치먼드 파리가 어느 한 시점에서 정지해 있을 것이라는 질문자님의 가정은 맞습니다. 하지만 그 시점에서 파리는 열차의 앞유리에 '붙어 있지' 않습니다. 열차의 앞유리가 파리의 정면과 닿은 순간(열차의 정면부에서 생기는 공기벽의 효과는 무시합니다), 파리의 움직임은 열차의 앞 방향으로 가속됩니다.

열차가 파리의 몸길이만큼 앞으로 나가는 매우 짧지만 유한한 이 시간 동안 파리는 압축되고 가속됩니다. 따라서 파리가 정지 상태로 있는 순간, 아마 파리 몸의 10퍼센트는 열차의 앞유리 위에 척하니 뭉개져 달라붙을 것입니다. 이 과정이 일어나는 동안 열차는 일정한 속도를 유지해왔습니다. 열차의 앞유리가 파리의 몸을 완전히 따라잡았을 때, 즉 열차의 속도를 시속 200킬로미터라고 가정했을 때 약 2×10^{-4}초 후에는 파리의 속도는 열차의 속도만큼 가속되어 있습니다. 그리고 이제 완전히 납작해져서 계속 열차와 함께 움직일 것입니다.

조금 더 학문적으로 말하자면, 운동량 보존 법칙에 따라 열차는 지극히 약간 늦어집니다. 물론 곧 원래의 속도를 회복하겠지만 말입니다. 1센티미터에 대해 시속 200킬로미터까지 가속된다면 파리가 느끼는 가속은 대략 $3 \times 10^5 m/s^2$ 즉 약 30,000g(중력가속도)이 됩니다. 1그램의 파리가 앞유리와 충돌할 때의 힘은 약 300뉴턴이 됩니다.

_ M. G. 랭던 영국, 서리 주, 파럼 열차가 파리와 충돌할 때 앞유리 충격면의 앞쪽 몇 나노미터는 순간적으로 멈추고 그 주위의 몇 나노미터에는 신축적인 변형이 일어나며, 열차의 나머지 부분은 전속력으로 계속해서 나갑니다. 충격을 받아 압축된 앞유리의 소재는 다시 회복되고 그 부분의 속도도 원래의 전속력으로 가속되어 되돌아올 것이기 때문에, (파리의 비신축적인 변형과는 달리) 결국 사실상 아무런 손상도 입지 않은 것처럼 보일 것입니다.

지나친 단순화의 위험을 약간 무릅쓰고 말하자면, 실제로는 탄성응

력파가 열차의 후방으로 퍼져나가 열차 전면은 운동이 상쇄될 때까지 진동한다고 할 수 있습니다. 하지만 이러한 효과도 파리와 열차의 사례에서는 중요하지 않을 것입니다. 자동차끼리의 충돌처럼, 쌍방의 질량이 거의 같은 경우라면 각각의 구조 내부에서 생기는 부가적인 운동들이 문제가 될 것입니다. 예를 들면 자동차 운전자들이 당하는 부상의 종류 같은 것들도 이런 부가적 운동에 좌우될 수 있습니다.

_R. K. 헨드라 영국, 런던 열차에 충돌하는 파리에 관한 독자님들의 설명은 파리의 몸길이에서 앞유리의 유연성까지 많은 요소를 다루고 있습니다. (만약 파리가 열차가 아니라 보일러에 부딪힌다면 어떻게 될까요?)

하지만 여러분은 질문의 함의를 완전히 간과하고 계십니다. 질문은 물리의 문제가 아니라 철학의 문제입니다. 왜냐하면 질문에서 '파리'는 '파리의 원자 하나'를 대신하는 것이기 때문입니다. 즉 이 문제는 엘레아의 제논이 제기했던 역설로 되돌아가는 것에 불과합니다. 기원전 450년경 그는 움직이는 물체는 항상 운동 상태로 있지만, 임의의 시간 어딘가에서는 있다(즉 정지해 있다)고 말했습니다.

우리 인간은 우리가 진짜로 상상할 수 있는 무한보다 더 무한히 작은 시간을 볼 수도, 측정할 수도 혹은 상상할 수도 없습니다. 앞으로도 결코 그럴 수 없을 것입니다.

> **탈 것과 날 것 | 구멍 뚫린 낙하산**
>
> 최근 자선활동의 일환으로 낙하산 점프를 했습니다. 그런데 점프를 앞두고 (고소공포증과는 별개로) 가슴 조마조마하게 했던 것이 하나 있었습니다. 낙하산 꼭대기에 커다란 구멍이 뚫려 있더군요. 왜 거기에 구멍을 만들어놓은 건가요? 구멍이 있으면 어쨌든 낙하산의 항력이 약해지는 것 아닌가요?
>
> **수지 클라인** 영국, 런던

_폴 디어 영국, 케임브리지 선단통기구(즉 님의 가슴을 조마조마하게 했다는 낙하산 꼭대기에 뚫린 구멍)가 없던 시절, 낙하산 아래로 공기가 몰리지 않게 할 유일한 방법은 산체(傘體)의 한쪽 가장자리를 통해 공기를 빼내는 것이었습니다. 그래서 낙하산을 기울여 볼썽사납게 한쪽으로 쏠리게 했던 것입니다.

그렇게 한번 흔들렸다 되돌아오면 이번에는 맞은편 가장자리로 더 많은 공기가 빠져나갔습니다. 그런 식으로 마치 시계추의 진동처럼 규칙적으로 왔다갔다를 반복했던 것입니다(제2차 세계대전 당시의 낙하산 영상물을 통해 그 모습을 확인하실 수 있습니다).

상상하시는 것처럼, 그런 식으로 착륙하는데 위험하지 않다면 거짓말입니다. 더구나 바람이라도 부는 날에는 말할 것도 없습니다. 선단통기구는 공기가 낙하산 산체의 꼭대기 부분을 통해 천천히 빠져나가게 함으로써 거친 진자운동을 막고 더욱 안전한 착륙을 보장해줍니다.

선단통기구의 또 다른 이점은 낙하산의 개방 속도를 늦춰준다는 것입니다. 통기구가 없다면 공기가 산체를 더욱 눈 깜짝할 새 팽창시켜 낙하산에 손상을 가할 뿐만 아니라 (특히 남성) 낙하자의 눈에 눈물이 글썽이게 할 수도 있습니다.

> **탈 것과 날 것 | 비행기의 작은 창문**
>
> 비행기 창문은 왜 그렇게 작습니까? 그리고 왜 그렇게 기체의 낮은 곳에 달려 있어서, 활주에 있는 다른 비행기들을 보려면 너나할것없이 몸을 굽히게 만드는 겁니까?
>
> **티모시 쿨룸파스** 미국, 뉴욕

_ 테렌스 홀링워스 프랑스, 블라낙 항공기 디자인과 관련한 수많은 사항이 그렇듯, 다양한 부분들의 최종적인 배치는 일련의 합의를 토대로 이루어집니다. 비행기에 창문이 전혀 없다면 항공기 디자이너들의 인생도 더 편안해지겠지만 아직까지 세상의 중론은 항공기에는 창문이 있어야겠다는 쪽으로 모아져 있습니다.

1950년대 디 해빌런드 코메트 사의 개발이 연속적인 항공사고로 좌절을 맞음으로써 제트 항공기 제조 분야에서 영국이 주도권을 상실한 데는 부분적으로 비행기 창문의 금속피로가 유발한 구조적 결함도 한 몫했습니다.

창문이 비행기 디자인의 일부로 수용되는 동안, 비행기 창문은 최대한 작은 크기를 유지했습니다. 오늘날 비행기 창문은 33센티미터 높이로 규격화되어 있습니다. 창문은 삼중 구조여야 합니다. 두 장은 내압용이고 나머지 한 장은 승객이 잘못하여 내압용 창을 훼손시키는 일을 방지하기 위한 창입니다. 그같은 창틀 구조로 이루어진 창문 장치는 항공기 구조와 치밀하게 빈틈없이 일체화되어 있습니다.

창은 알루미늄 시트로 대체했을 경우보다 당연히 항공기에 가격과 무게 부담을 훨씬 가중시킵니다. 창을 지탱하자면 비행기 구조도 더욱 강화시켜야 합니다. 그런 추가적인 무게 부담은 곧 승객수를 줄이거나 화물량을 줄여야 한다는 것을 뜻합니다. 따라서 항공기의 잠재 수익을 악화시킵니다.

창은 또한 관리상의 문제도 야기합니다. 금이 가 깨지기도 하고, 기내에서 공기가 새나가는 원인이 되기도 하며, 응축되거나 얼어붙기도 합니다.

창의 위치는 항공기별로 다양합니다만 디자이너들은 대개 동체의 중앙선을 따라 좌석에 앉은 승객의 눈높이보다 조금 낮은 위치에 배치합니다. 아마도 지상에서는 너무 낮은 위치겠지만 비행 중에는 지상을 비스듬히 내려다보기 좋은 각도입니다. 창문을 더 높여봤자 얻을 것도 별로 없습니다. 원형 혹은 타원형 기체의 가장 널찍한 공간은 좌석이 차지하기 때문에 창문은 결국 상향 10도 내지 15도 정도 각도로 배치되는 데 그칩니다. 그럴 경우 승객들에게 보이는 것은 오직 하늘뿐입니다. 게다가 창문의 상단이 눈보다 높을 경우, 따갑고 눈부신 태양빛으로 인해 늘 문제가 발생했습니다. 그러다 결국 승객들은 해가리개를 내려버림으로써 애초에 창문을 만들었던 이유 자체를 무의미하게 만들고 맙니다.

창을 더 두껍게 하면 상황이 나아지기는 하겠지만 이미 말했듯이 무게 문제가 가로막습니다.

모든 민간 항공기들은 적어도 10년 전에 디자인되었으며 일부 항공기들은 사실 40년 전 제도판에서 탄생된 것들이라는 사실도 기억하시기 바랍니다. 그 사이 우리도 변했고 좌석 디자인도 변했습니다. 이러한 항공기가 개발되었을 때 창 위치 등의 구조적 디자인이 정해지고 창의 라인은 전통적으로 동체 외판들을 합체하기에 편리한 분할점으로 사용되어 왔습니다. 이 위치가 정해지면 생산 라인에 있는 생산 설비들을 엄청난 비용을 들여 교체합니다.

그러는 사이 사람들은 덩치가 더 커졌습니다. 디자이너들은 이른바 '드라이푸스 표준'에 근거해 좌석 크기를 정했습니다. 드라이푸스 표준은 계속 변화했지만 디자이너들은 천편일률적으로 항공기 좌석을 미국 남성 중 95퍼센트에게만 적당한 크기로 만들었습니다. 만일 여러분이 엄청난 키다리에 속한다면 창문이 낮아 보일 것입니다. 게다가 사람들의 키는 대체로 이전보다 커졌습니다.

마지막으로 현재 항공 여행 추세는 멋지고 널찍한 실내구조보다는 촘촘한 좌석을 선호합니다. 그런 추세에 발맞춰, 최대한 많은 승객을 수용하기 위해 좌석 간격을 줄이고 뒷자리 승객의 발 놓을 공간을 위해 좌석 높이를 높이고 있습니다. 따라서 창 위치는 상대적으로 애초의 의도에 비해 상당히 낮아지게 된 것입니다.

_ 마이크 번스 영국, 버크셔 주, 크로손, 웰링턴 대학 항공기 창은 작아야 안전합니다. 최

초의 본격적인 제트 항공사였던 디 해빌런드 코메트 사의 승객들은 대형 직사각형 창을 통해 확 트인 시야를 제공받을 수 있었습니다. 그러던 항공기가 운항한 지 몇 년 후부터 비행 도중 폭발사고를 일으키기 시작했습니다.

  원인을 규명하기 위해 디 해빌런드 사는 새로운 코메트 기를 수조에 넣고 증압과 감압을 반복해가며 비행 조건을 동일하게 재현하고자 했습니다. 2년분치에 해당하는 압력 사이클(실제로는 수조에서 2주 정도가 걸렸습니다) 후, 비행기 기체에 달린 어느 커다란 창문의 상단 모서리에서 결함이 발견됐습니다. 그것이 공중폭발이라는 대참사를 불러일으켰던 것입니다.

  창은 재설계에 들어가 작고 동그란 모양으로 바뀌어 기체의 아래 부분으로 자리를 옮겨 설치됐습니다. 문제는 그렇게 해결됐고, 창문은 오늘날에도 여전히 같은 위치를 고수하고 있습니다.

탈 것과 날 것 | 운전대의 비밀

차를 운전할 때 운전대를 돌린 다음 손을 놓으면 저절로 원래의 정위치로 돌아오는 것은 무엇 때문입니까? 그리고 왜 제 친구가 가진 레고 사의 최신형 첨단 조립식 장난감 차에 달린 운전대에는 그런 기능이 없을까요?

클레르 서드베리 영국, 맨체스터

_ **빌 로턴** 영국, 햄프셔 주, 사우샘프턴 운전대가 저절로 정위치로 되돌아오는 것은 앞바퀴의 각륜 작용 때문입니다. 그같은 효과는 쇼핑용 손수레에서 더욱 두드러지게 나타납니다. 손수레 바퀴들에는 바닥과 닿은 부분 앞에 수직 회전축이 달려 있습니다. 우리가 처음 손수레를 밀 때 바퀴의 방향이 미는 방향과 다르게 향해 있더라도 바퀴는 바닥과 바퀴 사이에 작용하는 항력에 의해 제대로 된 방향으로 정렬합니다.

바꾸어 말하자면 손수레를 앞으로 밀면 바닥에 붙은 바퀴의 끌림힘은 바닥과 바퀴를 상대운동시키려는(즉 굴리려는) 모든 힘에 대해 항상 반대방향으로 작용한다는 뜻입니다.

바퀴가 손수레를 미는 방향으로 정렬돼 있지 않으면 끌림힘은 회전축을 통해 힘을 전달하지 못합니다. 따라서 바퀴를 항상 바른 방향으로 되돌리려 하는 축을 중심으로 회전운동이 일어납니다.

자동차의 경우에는 조향축을 기울여 축과 지면의 교차점이 타이어와 지면의 교차점보다 앞에 오도록 함으로써 같은 효과를 만들어냅니다. 자전거도 마찬가지입니다. 이것은 실험을 통해 알아볼 수 있습니다. 자전거의 조향축 옆에 빗자루를 대고 바닥에 닿을 정도 높이로 듭니다. 빗자루와 바닥의 접촉면은 타이어와 바닥의 접촉면보다 앞에 있어야 합니다.

이제 자전거 핸들에서 손을 뗀 채 안장으로 자전거를 앞뒤로 밀어보면 각륜 작용을 확인할 수 있습니다. 자전거는 앞으로 갈 때는 비교적 쉽게 직선으로 밀기가 쉽습니다.

하지만 뒤로 밀 때는 거의 불가능합니다. 왜냐하면 앞바퀴 타이어가 쇼핑용 손수레처럼 스스로 180도 회전하려 들기 때문입니다. 자동차가 후진할 때 님은 운전대가 정위치로 잘 오지 않는다는 것도 확인하실 수 있을 것입니다.

탈 것과 날 것 | 뒤집혀 나는 비행기

수학 선생님을 비롯해 우리 반 전체가 어리둥절했습니다. 비행기가 거꾸로 뒤집혀 날면서도 추락하지 않는다는 사실을 이해할 수 없었기 때문입니다. 날개가 볼록하게 설계돼 비행기가 수평 비행을 할 수 있다는 것은 알고 있습니다. 그러나 소형 제트 비행기가 종종 선보이듯 뒤집혀 날 경우에는 양력이 거꾸로 작용해 추락해야 마땅합니다. 그런데 소형 비행기들은 뒤집힌 상태에서도 오래도록 잘만 날아갑니다. 어떻게 그런 일이 있을 수 있는지요?

닉 유속 영국, 런던

_ 마크 모블리 영국, 브리스틀 비행기 날개의 형태는 정상적인 비행을 할 때 양력을 얻을 수 있도록 만들어집니다. 하지만 더 중요한 요소는 받음각 즉 공기가 날개에 부딪히는 각도입니다.

비행기 날개는 비행기 본체에 비해 수평에서 약 4도 정도 기울어져 있습니다. 그것을 날개의 시위각이라고 합니다.

따라서 기체가 수평 상태에서도 맞바람에 대한 받음각은 4도를 유지합니다. 그 결과 양력이 발생하는 원리는 여러분의 손으로도 확인할 수 있습니다. 빠른 바람이 불 때 손바닥을 45도 각도로 세우면 위쪽으로 향하는 힘이 생기는 것을 느낄 수 있습니다. 우리의 손이 비행기 날개 모양이 아닌데도 양력이 발생하는 것은 손바닥에 부딪친 바람의 받음각 때문입니다.

비행기가 뒤집혀 날 수 있는 것은 바로 이런 원리 때문입니다. 이 경우 기수(機首)는 정상적인 비행 때보다 더 위쪽을 향하게 되는데 왜냐하면 날개의 시위각을 상쇄할 필요가 있기 때문입니다. 하지만 만약 받음각이 날개 위를 지나는 기류보다 더 크다면 상승력은 여전히 발생할 것입니다. 날개의 형태에 의해 생겨나는 힘을 능가해 비행기가 공중에 떠 있을 수 있게 해주는 것은 바로 이러한 양력입니다.

비행기가 뒤집혀 비행할 경우 조종사가 신경 써야 하는 더 큰 문제는 사실 엔진 정지의 위험성입니다. 대다수 일반 경비행기들의 기름과 연료 공급 체계는 중력에 의존하기 때문입니다. 비행기가 뒤집혀 나는 바람에 엔진의 연료공급밸브가 갑자기 연료통 꼭대기에 오게 된다면 연료 공급이 중단될 수 있으니까요.

> **탈 것과 날 것 | 모터보트에는 기어가 없다**
>
> 모터보트는 운전 중에 속도를 바꾸고 싶어도 바꿀 기어가 없더군요. 왜 그런 겁니까? 자동차는 안 그렇잖습니까?
>
> 그레이엄 런디가드 영국, 글로체스터

일부 대형 모터보트에는 기어가 있습니다. 그러나 그것은 예외에 해당합니다. _편집자

_ 존 지 영국, 디버드 주, 애버리스트위스 보트와 자동차는 엔진에서 발생한 동력을 본체의 운동력으로 전환하는 방식부터가 다릅니다. 모터보트의 엔진은 프로펠러를 회전시켜 물을 뒤로 밀쳐냅니다. 그렇게 발생한 빠른 물살의 반작용에 밀려 보트는 전진합니다.

엔진과 프로펠러가 조화를 이루면 엔진의 속도가 떨어져도 프로펠러는 계속해서 힘을 얻어 돌아갑니다. 대형 보트의 경우에는 가속되기까지 다소 시간이 필요합니다. 그러는 동안 배의 고물에서는 물살이 퍼져나갑니다. 다음에 여객선을 타실 일이 있거든 한번 보시기 바랍니다. 배가 아직 움직이지 않는데도 배 쪽에서는 물살이 거품을 일으키고 있을 것입니다.

모터보트와 달리 자동차에서는 자동차가 움직일 때만 바퀴가 돌아갑니다. 그러나 정지 상태에서 출발하려면 상당한 힘이 필요합니다.

불행히도 내연엔진은 느린 속도에서는 큰 힘을 내지 못합니다. 따라서 만일 엔진과 바퀴를 연결해주는 변속장치(기어박스)가 없다면 차체의 관성에 의해 엔진은 실속현상을 일으키고 말 것입니다. 변속장치는 바퀴가 느리게 굴러가더라도, 엔진을 빠르게 회전시켜 계속적으로 동력을 발생시킵니다. 변속장치와 클러치를 개발한 창조적 재간꾼들이 없었다면 내연엔진은 미래의 운송수단으로서 도로를 달릴 꿈도 꾸지 못했을 것입니다. 반면 증기엔진은 제자리에 정지한 상태에서도 상당한 동력을 발생시키는 까닭에 기관차는 변속장치 없이도 출발할 수 있습니다.

모래밭같이 푹신한 표면에서는 바퀴가 돌아간다 해서 차체까지 곧바로 움직이지는 않습니다. 여객선과 다소 비슷한 상황에 처한 셈입니다. 바퀴가 회전하며 모래를 뒤로 밀쳐내고 있는 모습이 말입니다. 그러나 모래를 밀쳐낸 빈 공간을 다른 모래가 즉각 채워주지는 않습니다. 따라서 바퀴는 계속 모래를 밀쳐내며 파묻혀 들어가 결국 자동차는 차축까지 파묻히는 신세가 되고 맙니다.

_**말린 딕슨** _{영국, 워릭셔 주, 너니턴}_ 모터보트는 어마어마한 양의 항력을 경험합니다. 최고속도로 달릴 때의 항력은 일반적으로 보트 무게의 4분의 1에 달합니다. 자동차로 치면 대략 25퍼센트의 경사면을 올라갈 때와 비슷합니다. 모터보트는 저속 기어로 그같은 항력을 이겨냅니다. 다단 변속장치의 경우에도 저속 가속을 한다는 점에서는 별반 다르지 않습

니다. 강한 항력 때문에 보트에서 기어 변속은 순식간에 이루어져야 합니다. 그렇지 않으면 보트는 변속 도중 대부분의 속도를 잃습니다. 보트는 출발할 때 이미 프로펠러가 물속에서 돌아가고 있기 때문에 클러치가 있을 필요가 없습니다. 보트에겐 물이 바로 클러치입니다. 보트에서도 프로펠러를 다른 피치의 것으로 바꾸면 기어 변속이 가능합니다. 피치가 낮으면 가속이 잘되고, 좀더 큰 부하를 잡아당길 수 있습니다. 반면 피치가 높으면 최고속도가 빨라지고, 물결이 잔잔하면 항력이 줄어듭니다. 물론 이 정도의 변화도 보트에는 유용할 수 있지만, 자동차의 기어 한 단을 바꿀 때의 차이 정도도 되지 않습니다.

_ 데이비드 에들먼 오스트레일리아, 빅토리아 주, 엘섬 자동차의 속도는 특정 기어에서의 엔진 속도에 비례합니다. 그런 특성은 보트에는 적용되지 않습니다. 자동차의 타이어 바퀴는 도로에 접착돼 있는 반면 보트는 프로펠러를 물속에 '담가 놓을' 수 있기 때문입니다. 모든 엔진에서 회전수 증가란 곧 동력 증가를 의미하지만 그것도 어느 정도까지만 그럴 뿐입니다.

우리는 교통신호등 앞에서 무심결에 기어를 3단에 놓고 출발하는 경우가 적지 않습니다. 3단 기어는 1단 기어에 비해 회전수가 한참 낮습니다. 따라서 엔진에 차를 이동시킬 만한 힘이 부족한 상태에서 차량은 충분한 힘을 얻지 못해 멈춰버리는 것입니다.

그런 사실이 증언하듯, 저단 기어는 자동차가 저속에서 힘을 낼 때

쓰라고 있는 것입니다. 그러나 보트에서는 스로틀(throttle)을 완전히 열면 프로펠러는 물속에서 자유롭게 돌아가고, 엔진의 회전수가 순식간에 높아지면서 보트는 엔진이 멈출 위험 없이 힘차게 출발합니다. 보트의 싱글기어는 엔진의 작동 범위 내에서 프로펠러가 최고의 효율을 발휘하도록 제작돼 있습니다. 기어가 여러 개 있을 필요가 없습니다.

보트에서 기어 변속으로 동력이 떨어지면 그 결과 속도도 뚝 떨어집니다. 물은 도로보다 저항이 훨씬 더 크기 때문입니다. 따라서 보트는 자동차처럼 기어 변속을 자유자재로 쉽게 할 수 없는 것입니다.

> 인체의 신비 | 하룻밤 만에 백발이
>
> ## 머리카락은 왜 흰색으로 변하나요?
>
> 케런 베이건 영국, 하트퍼드셔 주, 래들릿

_밥 반허스트 캐나다, 퀘벡 주, 포인트클레어 흰색은 머리카락의 바탕 '색'일 뿐입니다. 모낭(毛囊) 바닥 부분에 있는 색소세포 덕분에 젊을 때는 머리카락이 개인이 원래 타고난 특정 색깔을 띱니다. 그러나 나이가 들고 중년이 되면 이 색소세포가 점점 더 많이 죽게 되어 머리카락에서 색깔이 빠집니다. 그 결과 사람의 머리색은 점차 더 흰색을 띠게 되죠.

이 모든 과정은 10년 내지 20년에 걸쳐 진행됩니다. 물론 드물기는 하지만 하룻밤 만에 머리카락(탈모 정도에 따라 다르겠지만 보통 수십만 개나 됩니다)이 온통 하얗게 새는 경우도 있습니다. 재밌는 건 노화 과정에서 일시적으로 머리색이 짙어지는 경우도 있답니다. 색소세포가 죽음을 앞두고 이따금 색소를 더 빠르게 생산하기 때문이지요.

> **인체의 신비 | 손끝의 타이어**
>
> **지문은 왜 있는 거죠? 지문이 있어서 유익한 점이 있나요?**
>
> — **메리 뉴섬** 영국, 런던

_제임스 커티스 영국, 웨스트요크셔 주, 브래드퍼드 지문은 다양한 조건에서 우리가 물건을 집거나 잡는 데 도움을 줍니다. 지문이 작용하는 원리는 자동차 타이어의 원리와 같습니다. 건조할 때는 표면이 매끈해도 집을 수 있지만 젖었을 때에는 표면이 매끈하면 안 좋죠. 그래서 우리 인체는 손가락 끝에 물이 고이지 않게 함으로써 표면을 건조한 상태로 유지시키고 물건을 집기 더 편하도록 고랑과 융선 조직을 진화시켰습니다. 지문은 개인별로 고유한 무늬를 갖기 때문에 경찰이 범인을 식별하는 데 결정적 단서로 유용하게 이용되기도 합니다.

_키스 로런스 영국, 미들섹스 주, 스테인스 지문은 피부 표면에 발달한 망상형 융선 조직으로, 표피가 상피표면에서 돌출해 상호 교차하는 구조로 이루어져 있습니다(손깍지를 낀 모양과 비슷합니다). 지문은 전단력, 곧 수평 방향에서 가해지는 힘을 막아줍니다. 전단력을 막지 못하면 피부의 두 층이 분리되고 그 빈 공간에 체액이 쌓이게 됩니다(그게 바로 물집입니다). 손가락, 손바닥, 발가락, 뒤꿈치같이 항상 전단력에 노출될

수밖에 없는 피부 표면에는 지문이 있습니다. 지문의 고유한 무늬는 표피가 성장함에 따라 지문의 융선과 구조가 다소 무작위적으로 형성되는 바람에 생긴 결과입니다.

> **인체의 신비 | 손 주름, 발 주름**
>
> 물속에 오래 있다 나오면 피부가(특히 손가락과 발가락의 피부가) 쭈글쭈글해지는데 그 이유는 무엇인가요?
>
> **로이드 언버퍼스** 오스트레일리아, 뉴사우스웨일스 주, 와룽가

_ **스티븐 프리스** 영국, 노샘프턴셔 주, 러시던 손가락과 발가락 끝의 피부층은 거칠고 두껍지만 물속에 오래 잠기면 수분을 흡수해 팽창됩니다. 그런데 손가락과 발가락에는 피부가 팽창할 수 있는 여유 공간이 없기 때문에 피부층이 구부러지는 것입니다.

_ **로버트 해리슨** 영국, 웨스트요크셔 주, 리즈 온몸이 쭈글쭈글해지지 않는 이유는 수분의 손실과 흡수를 막기 위해 각질이라는 방수층이 피부 표면을 덮고 있기 때문입니다. 손과 발, 특히 손가락과 발가락의 각질층은 마찰로 인해 계속해서 닳아 없어집니다. 따라서 그런 부위의 세포에 삼투압 작용으로 인한 수분 침투가 일어나 피부가 부풀어 오르는 겁니다.

> **인체의 신비 | 긴장하지 마세요**
>
> 내가 나를 간질이면 괜찮은데 남이 나를 간질이면 간지러워 못 참잖아요. 왜죠?
>
> _다니엘 타컨(7세), 니콜라스 타컨(9세) 네덜란드, 와헤닝헨_

시구르드 헤르만손 스웨덴, 스톡홀름 다른 사람이 나를 간질여도 긴장하지 않고 편안한 상태를 유지하면 전혀 간지럼을 타지 않습니다. 물론 긴장하지 않고 있기란 어렵습니다. 간지럼은 대부분의 사람들에게 긴장을 유발하기 때문입니다. 물리적 마찰 때문에 불쾌한데도 상황을 통제할 수도 없고, 간지럼으로 끝날지 상처가 날지 두렵기도 할 테니 긴장할 수밖에 없습니다. 그러나 간지럼을 느끼지 못하는 사람들도 있습니다. 어떤 이유에선지는 모르겠지만 아무튼 긴장하지 못하는 사람들입니다.

내가 나를 간질일 때는 상황을 완벽하게 통제할 수 있습니다. 긴장할 필요가 없으니 당연히 간지럽지도 않습니다. 다음에 누가 나를 간질이거든 눈을 감고 심호흡을 하면서 편안한 상태를 유지해보세요. 제 말이 맞다는 걸 아시게 될 겁니다.

웃음은 우리가 가벼운 공황상태에 있기 때문에 일어납니다. 공황상태에서는 방어력이 약화되므로 '적자생존' 의 원리에 어긋납니다. 그러나 여러 사례에서 증명되듯 자연이 반드시 논리적인 것만은 아닙니다.

인체의 신비 | **나는 왼손잡이야**

저는 왼손잡이입니다. 『뉴사이언티스트』지에서 왼손잡이는 사고사할 위험이 훨씬 높다는 기사를 읽고서 놀라고 아찔했습니다. 어째서입니까? 정말 저 같은 왼손잡이들은 사고로 죽을 확률이 그렇게 높습니까? 아니면 다른 이유가 있는 겁니까?

– 앨런 파커 영국, 런던

_ 해너 벤즈비 미국, 뉴욕 장애물을 만났을 때 오른손잡이들은 대체로 오른쪽으로 피하는 반면 왼손잡이들은 왼쪽으로 피해 갑니다. 같은 손잡이끼리 마주보고 걷는다면 진행방향에 장애물이 있어도 서로 부딪치지 않고 안전하게 돌아갈 수 있습니다. 다른 손잡이끼리 마주친다면 장애물이 있을 경우 같은 방향으로 움직일 것이므로 충돌할 가능성이 높습니다. 사람들은 대부분 오른손잡이라서 길을 걷다 충돌할 사람들은 십중팔구 왼손잡이들일 것입니다. 이것은 한 가지 예에 불과하지만 살면 살수록 충돌 횟수가 늘어나고 그중에는 치명적인 충돌도 있다는 점을 고려한다면, 왼손잡이들의 기대수명 단축은 당연한 결론입니다.

_ 대니얼 브리스토 영국, 서리 주, 큐 우리 왼손잡이들이 사고로 죽을 위험이 큰 이유는 산업용 공구나 기계류가 오른손잡이용으로 만들어지기 때문입

니다. 그러니 왼손잡이들은 기계장치에 신체 일부가 잘려나갈 확률도 더 높을 수밖에 없습니다. 재미있는 사례가 SA-80 백병전용 소총입니다. 왼쪽 어깨에 견착하고 방아쇠를 당기면 그 탄피가 어마어마한 속도로 사수의 오른쪽 눈을 향해 날아옵니다.

> **인체의 신비 | 왼쪽으로 비틀비틀**
>
> 술집에서 맥주를 몇 잔 걸치고 집으로 돌아갈 때마다 비틀비틀 걷게 됩니다. 그런데 자꾸 몸이 왼쪽으로 기울어집니다. 왜 그런 걸까요?
>
> **크리스 우드** 영국, 리버풀

_**한 잉 로크**_ 영국, 에든버러 숲속이나 사막을 걸을 때도 비슷한 일을 경험합니다. 길잡이 삼을 지형지물이 없거나 안 보일 경우 대부분의 사람들은 똑바로 가려고 마음먹어도 무의식적으로 약간 왼쪽으로 기울어져 걷다 결국에는 반시계방향으로 커다란 원을 그려 출발점으로 되돌아오게 됩니다.

그 이유는 우리들 대부분이 오른쪽 다리가 근소한 차이지만 더 강하고 유연하기 때문입니다. 그런 사실은 스포츠과학자들 사이에서는 상식으로 통할 뿐만 아니라 다리 근력 실험에 참가한 대부분의 사람들에 의해서도 확인된 바 있습니다.

또한 우리들 대부분은 오른발을 왼발보다 약간 더 높이 들어 올리는 경향이 있습니다. 오른발 보폭이 왼발 보폭보다 크기 때문에 길잡이 삼을 지형지물이 없을 경우 커다란 원을 그리며 걷게 되는 것입니다.

또한 오른쪽 다리가 왼쪽 다리보다 조금 더 강하기 때문에 왼쪽 다리로 지면을 디딜 때보다는 오른발로 디딜 때 조금 더 멀리 나아가게 됩니다. 더 큰 보폭과 더 센 발디딤, 그 두 가지가 합쳐져 대부분의 사람들은 장거리를 걸을 경우 반시계방향으로 걷게 되는 것입니다.

_ J. 제이미슨 ^{영국, 버킹엄셔 주, 말로} 인체는 결코 완벽한 대칭이 아닙니다. 이 경우에는 님의 오른쪽 다리가 왼쪽 다리보다 긴 것 같습니다. 잔받침을 왼쪽 신발 바닥에 깔아보세요. 문제가 아주 쉽게 해결될 겁니다.

_ 에이드리언 보 ^{영국, 슈롭셔 주, 슈루즈버리} 사람은 대부분 양쪽 눈 중 시력이 더 뛰어난 우세안에 의존합니다. 본능적으로 우리는 가장 잘 보이는 쪽으로 걸으려 합니다(물론 정상적인 상태에서는 그런 경향을 바로잡아 똑바로 걷습니다). 따라서 우리가 비틀거릴 적에는 우세안이 있는 쪽으로 걸을 확률이 더 높습니다.

상황에 맞춰 균형을 조절하기 위해서라도 신속히 반응해야만 하는 우리의 뇌는, 균형을 회복하려면 어느 방향으로 발을 내딛어야 할지를 주로 우세안이 제공하는 정보에 의지해 판단합니다. 따라서 발은 우세안이 있는 쪽으로 움직이기 마련이고 그 결과 발걸음 역시 같은 방향으로 움직이게 됩니다. 질문 내용을 보면 질문자의 우세안은 분명 왼쪽 눈입니다.

이런 현상은 말처럼 사람이 타고 다니는 동물들의 이동방향을 조종할 때도 활용할 수 있습니다. 방법은 간단합니다. 한쪽 눈을 가리기만 해도 녀석들은 남은 한쪽 눈 방향으로 움직일 테니까요.

_ 사이먼 손 ^{영국, 테이사이드 주, 퍼스} 질문자께서는 평소 잔돈은 오른쪽 주머니에, 열쇠는 왼쪽 주머니에 넣고 술집에 가시는 게 분명합니다. 돈이 다 떨어질 때까지 맥주를 드시다 귀가하실 테니 열쇠가 들어 있는 왼쪽 주머니 쪽으로 기울어지실 수밖에요.

_ 넬슨 크리스텐슨 ^{뉴질랜드, 오클랜드 대학교} 오클랜드 대학교 물리학 연구진들이 이 문제에 대해 전문적 토론을 벌인 결과, 우리의 중론은 만유인력의 법칙이 작용하기 때문이라는 것이었습니다. 오클랜드 시내에서 술을 마시다 돌아온 우리의 공통 경험을 취합해 얻은 결론입니다.

뉴질랜드에서는 10달러보다 작은 화폐단위의 대부분이 동전인데 그중 일부는 크기가 아주 큽니다. 술집 저녁 손님들의 주머니는 그런 동전들로 두둑합니다. 영국의 화폐들도 우리 뉴질랜드와 비슷하다면 그리고 질문자가 왼쪽 주머니에 동전을 넣고 다니는 습관이 있다면 기본적으로 만유인력의 법칙에 의해 걸음이 왼편으로 쏠리게 돼 있습니다. 유사한 상황에서 실제로 원을 그리며 걷는 일이 일부 뉴질랜드인들에게는 결코 드문 일이 아니랍니다.

_ (전자우편으로 보내주셨으며 이름과 주소는 없었습니다) 술집에서 선 채로 장시간 동안 맥주잔을 오른손에 쥐고 계셨다면 필연적으로 맥주잔 무게와 균형을 맞

5. 인체의 신비 185

추려는 무의식이 이어져 왼쪽으로 비틀걸음을 하게 돼 있습니다. 그 반대 사례는 왼손에 맥주잔을 들고 있었기 때문이라고 설명할 수 있겠습니다.

인체의 신비 | 당신은 나의 동반자

함께 걷는 두 사람은 무의식적으로 동시에 발을 맞춰 걷는다는데 이유가 궁금합니다. 그것도 우리의 타고난 본능인가요?

— 사이먼 애펄리 영국, 글로스터셔 주, 첼튼엄

_ 애디시 ^{홍콩} 동물학자이자 인간행동학 전문가인 데스몬드 모리스의 설명에 따르면, 사람들이 서로 발맞춰 걷는 이유는 동행자에게 우리는 한마음 한뜻이며 찰떡궁합이라는 사실을 입증하고 싶은 무의식적인 충동이 작용하기 때문이랍니다. 그런 행동은 '우리는 하나, 우리는 일심동체!' 라는 사실을 대외적으로 과시하는 신호이기도 합니다.

또 다른 연구에 의하면 우리는 다른 사람이 다리를 꼬면 같은 방향으로 다리를 꼬는 등 동료들의 습관도 따라하며, 특히 윗사람의 습관을 잘 따라합니다. 자주 거론되는 사례를 하나 소개하겠습니다. 회의 석상에서 최상급자가 코를 긁으면 나머지 사람들도 코를 긁는다고 합니다. 무심코 말입니다.

_ 토드 콜린스 오스트레일리아, 뉴사우스웨일스 주, 와가와가 별로 자신은 없지만 발맞춰 걷기 좋아하는 습성에 대해 나름 답변해볼까 합니다. 최근 공원에서 아이들이 걷는 광경을 목격했습니다. 인솔자는 어른 두 명이었는데, 재미

5. 인체의 신비 **187**

있는 사실을 발견했습니다. 어른들은 걸음걸이와 방향이 일치하는 반면 아이들은 걷기도 하고, 제멋대로 뛰고 깡충거리기도 하고, 앞서거니 뒤서거니 들쭉날쭉 무질서했습니다.

아마도 통합을 미덕으로 여기는 사회에 물들지 않아서였겠지만, 자기 마음 내키는 대로 행동해서는 안 된다는 사실을 그 아이들이 아직은 배우지 못한 탓도 있는 것 같습니다.

_ 해미시 ^(전자우편으로 보내주셨으며 주소는 없었습니다) 다음에 누군가와 나란히 걸을 일이 있거든 발걸음이 어긋나게 걸어보세요. 그런 상태에서, 나누던 대화를 이어나가 보세요. 금세 발걸음이 다시 일치하게 됩니다. 다른 사람과 일단 발맞춰 걷게 되면 자기가 가는 방향을 바라보기도 편해지고 그러면 상대방을 바라보기도 편해지기 때문입니다.

의사소통은 상대방이 당신과 가까이 있어야 편합니다. 또한 두 사람의 얼굴이 이리저리 흔들리지 않고 비교적 안정돼 있어야 편합니다.

_ 피터 페어스태픈 ^{오스트레일리아, 특별행정자치주, 칼린} 더 평범하게(그다지 사회학적이지도 않게) 설명해보겠습니다. 사람들은 걸을 때 좌우로 약간씩 흔들리기 마련입니다. 두 사람이 함께 걷는데 발이 맞지 않으면 걸음을 내딛을 때마다 어깨가 부딪힙니다.

> **인체의 신비 | 뇌가 쭈글쭈글**
>
> **뇌의 표면에 열구 즉 주름이 있는 이유는 무엇입니까?**
> -
> **브라이언 래슨** 오스트레일리아, 캔버라

_ 앤서니 스테인스 (전자우편으로 보내주셨으며 주소는 없었습니다) 뇌는 겉질의 표면적을 증가시키고자 주름을 만듭니다. 쥐같이 멍청한 동물들은 뇌 표면이 매끈합니다. 뇌가 수행하는 대부분의 작업들은 상단부에 있는 일부 세포층에서만 이루어집니다. 뇌 부피의 상당 부분은 사실상 일대일 배선구조가 차지합니다.

따라서 처리할 작업량을 늘릴 필요가 있다면 주름을 발달시키는 편이 두개골의 지름을 늘려 뇌의 표면적을 확장시키는 방법보다 효과적입니다.

_ 안네 싱코넨 ^{핀란드} 주름이 대뇌겉질의 표면적을 최대화하기 위해 존재한다는 데는 이견의 여지가 없습니다. 진짜 문제는 그것이 도대체 왜 필요했느냐입니다.

해답은 아마도 근거리 연결과 장거리 연결 중 어느 쪽이 더 많이 필요한가에 달려 있을 것입니다. 근거리 연결이 많이 필요하다면 처리 단위들을 거의 2차원 평면이나 다름없는 얇은 판에 집적시키고 3차원

부분은 장거리 연결을 위해 남겨두는 것이 타당합니다.

신경세포들이 뇌 덩어리 전체에 균질적으로 분포했다면 장거리 연결은 단축됐을 것이고 장거리 연결이 뇌의 계산 단위들을 잇는 공간을 차지해 단거리 연결은 연장됐을 것입니다. 그 결과 뇌의 전체 부피는 증가했을 것입니다.

뇌에서 발생하는 열의 양도 어느 정도는 원인이 될 수 있습니다. _편집자

_제럴드 레그 영국, 웨스트서식스 주, 브라이턴 뇌 조직은 엄청난 에너지를 소비하며 그 결과 발생하는 열을 밖으로 내보내야 합니다. 이마에 손을 대보면 넓적다리에 비해 얼마나 뜨거운지 알 수 있습니다.

하등 척추동물의 뇌에는 광대한 주름 조직이 없습니다. 그들에게는 발산시킬 열이 상대적으로 적기 때문입니다.

반면 인간에게는 할 일이 많은 대용량 두뇌가 있습니다. 인간에게 특징적인 뇌 주름은 표면적을 늘려 더 많은 혈관이 흐르게 함으로써 뇌가 쉴 새 없이 일하는 과정에서 발생시키는 고온을 처리해줍니다. 만약 우리의 뇌가 더 크고 복잡한 기관으로 진화한다면 뇌에서 발생하는 추가적인 열을 해소하기 위해 주름도 기하급수적으로 늘어나야 할 것입니다.

_E. 라몽 몰리네르 캐나다, 퀘벡 주, 노스하틀리 지능이 높은 척추동물들은 커다란 뇌와

아주 복잡한 대뇌겉질을 갖고 태어납니다. 따라서 상어와 돌고래는 몸의 크기는 비슷하지만 돌고래의 뇌가 월등히 더 크고 복잡합니다.

토끼와 고양이도 크기는 서로 비슷하지만 육식동물인 고양이가 생활방식도 더 복잡하며 아마 지능도 훨씬 높을 것입니다. 그래서 고양이는 뇌 조직이 복잡한 반면 토끼는 그렇지 못합니다.

동물들에게는 크기도 중요한 요소입니다. 쥐와 생쥐는 영리한 행동을 보여주지만 그들의 뇌에서 주름을 찾아보기란 거의 불가능합니다. 반면 고래나 코끼리의 뇌는 인간의 뇌보다 훨씬 주름이 많습니다.

재미있는 사실은 대뇌겉질의 양과 대뇌겉질 신경세포의 수가 반드시 비례하지는 않는다는 점입니다. 이것들이 대형동물의 뇌에서 더 크고 넓은 공간을 차지한다는 사실은 분명합니다.

그 이유 중 하나는 이런 대형 척추동물들의 경우에는 신경세포에 비해 아교세포의 비율이 대단히 높다는 점을 들 수 있습니다. 그런 까닭에 (아주 얇은 층 조직을 이루고 있는) 대뇌겉질에 주름을 만들어 전체 신경세포를 접어 넣을 필요가 있었던 것입니다. 반면 더 작은 동물들은 주름을 만들지 않아도 신경세포를 갖기에는 충분했겠지요.

> **인체의 신비 | 딴생각하지 맙시다**
>
> 사람들은 까다롭거나 집중해야 하는 일을 할 때 혀를 양 입술 사이로 빼물더군요. 왜죠? 모든 문화권에서 일어나는 현상인가요?
>
> **스티브 타운센드** (전자우편으로 보내주셨으며 주소는 없었습니다)

_ 멜라니 웨스턴 (전자우편으로 보내주셨으며 주소는 없었습니다) 단어 맞추기같이 어떤 일에 집중해야 한다는 것은 곧 뇌의 한쪽 반구가 사용 중이라는 뜻입니다. 문제는 같은 반구를 운동과 관련된 입력 정보를 처리하는 데도 사용해야 한다는 사실입니다. 그래서 어려운 문제를 생각하며 걷는 사람은 걸음걸이가 느려집니다. 그것은 운동과 생각이라는 두 개의 정보 처리 활동이 같은 뇌 반구를 놓고 다투는 과정에서 간섭작용이 일어났기 때문입니다. 제 생각에는 입술을 깨물거나 혀를 내미는 행위를 통해 우리는 운동 활동을 지연시키는 것 같습니다. 마찬가지로 머리를 고정시키는 목적도 움직임을 최소화해 간섭작용을 최소화하려는 것이 아닐까 합니다.

_ 배리 로드 영국, 랭커셔 주, 로치데일 우리의 뇌는 많은 영역을 할애해 혀를 통제하고 혀가 제공하는 감각을 수용합니다. 혀가 치아나 입술 때문에 단단히 고정되면 그런 영역들의 활동이 억제되어 바늘귀에 실 꿰기같이 섬세한 작업도 별 다른 간섭작용 없이 수행할 수 있습니다.

인체의 신비 | 도대체 무슨 소리야

손가락 마디를 비롯해 관절 부위를 꺾으면 소리가 나는 이유는 무엇인가요?

— 마티 브라운 (전자우편으로 보내주셨으며 주소는 없었습니다)

윌 포드모어 영국, 런던, 브리티시 정골치료교육원   관절을 늘이거나 움직일 경우 딱 혹은 우두둑하는 소리가 날 때가 있습니다. 관절강에 있는 윤활액의 압력이 낮아지면 기포가 생기면서 파열음을 일으킬 수 있습니다. 또한 관절 표면이 맞붙었다 떨어지는 순간 관절에 의해 밀봉됐던 진공상태가 해제되는 과정에서 소리가 날 수도 있습니다.

그런 소리는 정골치료 중에도 발생하는데, 그런 소리가 나야 치료가 제대로 된 것도 아니고 반대로 그런 소리가 안 났다고 해서 치료가 엉터리였던 것도 아닙니다. 치료 효과 여부는 관절 배열이 정상을 되찾았는지와 움직이기 더 편해졌는지로 따지셔야 합니다.

토니 라몬트 오스트레일리아, 퀸즐랜드 주, 브리즈번, 마터 아동병원   관절낭을 비롯해 인체의 모든 연조직에는 질소가 용해돼 있습니다. 손가락을 세게 굴절시키는 등 뼈를 잡아당기면 관절의 공간에 진공상태가 형성되는데, 그 순간 질소가 용액에서 빠져나와 관절의 공간으로 들어가면서 미세한 파열음이 발생합니다.

방사선과 의사들에 따르면, 양팔을 붙잡힌 채 촬영된 아이들의 가슴 엑스선 사진에서는 어깨관절 연골 틈새에서 작은 초승달형 기포가 자주 발견된다고 합니다. 팔을 잡아당기는 힘 때문에 질소가 증발되어 관절의 공간으로 끼어들어가 일어난 결과입니다. 그런 일은 엉덩이에서도 발생합니다.

선천적인 탈구 증세로 의심되는 젖먹이들을 대상으로 초음파검사를 해보면 엉덩이 관절에서 작지만 매우 유동적인 기포들이 종종 발견됩니다. 그것은 아이들이 발버둥 치다 꼼짝없이 붙들린 경우에 흔히 일어납니다. 기포는 잠시 후 질소가 다시 용해되면 자취를 감춥니다.

손가락 마디를 뚝 소리 나게 꺾은 직후 손가락 엑스선 사진을 찍는다면 뼈마디 사이에 모인 수천 방울의 작은 불투명 기포들이 희미한 빛 덩어리처럼 광채를 발할지도 모릅니다.

> **인체의 신비 | 가스 중독**
>
> 헬륨을 마시고 말하면 왜 소리의 주파수가 올라가나요? 소리는 결국 상대방에게 공기를 통해 전달될 텐데도 말입니다.
>
> 데이비드 볼턴 뉴질랜드, 모스길

_ 이오인 맥콜리 아일랜드, 더블린 소리는 공기 속보다 헬륨 속에서 더 빨리 이동합니다. 헬륨 원자는 질소나 산소 분자보다 가볍기 때문입니다(헬륨의 원자량은 4, 질소와 산소의 분자량은 각각 14, 16입니다). 관악기와 마찬가지로 목소리도 기체 기둥, 일반적으로는 공기 기둥의 형태로 정상파를 그리며 전달됩니다. 음파의 주파수에 파장을 곱한 값이 바로 소리의 속도입니다. 파장은 입과 코, 목구멍 등의 모양에 의해 일정하게 고정되어 있으므로 소리의 이동속도기 증가하면 주파수 역시 증가하게 됩니다. 입을 떠나는 순간 소리의 주파수는 결정되므로 그 순간의 높낮이가 변형되지 않은 채 그대로 상대방에게 전달되는 것입니다. 롤러코스터를 탔다고 상상해보십시오. 궤도를 달리는 열차의 속도는 빨라졌다 느려졌다 하지만 모든 열차는 정확히 같은 모양의 궤도를 따라 이동합니다. 30초 간격으로 출발했다면 도중에 어떤 일이 있었든 30초 간격으로 도착합니다.

현악기의 경우 현의 길이, 굵기 그리고 장력에 의해 소리의 높낮이가 결정됩니다. 따라서 현악기는 공기의 구성 성분에 전혀 영향받지 않습니다. 관현악단 한가운데 헬륨을 풀어놓으면 아마 난리가 날 겁니다. 관악기와 금관악기의 음높이는 올라가는 반면 현악기와 타악기는 별다른 변화 없이 같은 음높이를 유지할 테니까요. 데이비드 베드퍼드가 만든 〈백마의 노래〉의 주연 소프라노는 극단적인 고음을 내기 위해 헬륨을 들이마셔야 합니다.

> **인체의 신비 | 포도주가 물로 변할지니**
>
> 어떤 색깔의 음료를 마시든 몸 밖으로 배출될 때는 원래의 색깔이 사라지고 없습니다. 어떻게 그런 일이 일어날 수 있습니까?
>
> — P. 비햄 영국, 옥스퍼드셔 주, 휘트니

_ 스티븐 기셀브레호트 _{미국, 매사추세츠 주, 보스턴} 체외로 배출되는 액체는 화학적 조성 측면에서 우리가 마신 액체와는 거의 상관이 없습니다. 고체가 됐든 액체가 됐든 모든 음식물은 식도로 내려가 소화관을 거칩니다. 거기서 흡수되지 않은 성분은 대변의 일부가 됩니다. 반면 소변은 혈류를 타고 운반되거나 신체조직에서 발생시킨 신진대사의 노폐물들을 콩팥이 처리하는 과정에서 만들어집니다.

우리가 마신 색깔 성분들은 그 종류야 어찌됐든, 우리 몸의 각 계통과 생화학적으로 상호작용하느냐 하지 않느냐 둘 중 하나의 문제입니다. 상호작용한다면 (음식물이 겪는 여타의 화학반응과 마찬가지로) 그 결과는 색깔 변화 내지는 체외 배출입니다. 상호작용하지 않는다면 대부분 소화계에서 흡수되지 못하고 대변으로 배설됩니다. 그렇기 때문에 여러분도 아시다시피 대변은 소변에 비해 색깔이 변화무쌍합니다.

_ 한스 스타른베리 _{스웨덴, 고텐베리} 먹고 마시는 음식에 포함된 색깔 성분들은 대부분 유기화합물로, 인체의 경이로운 신진대사 능력에 의해 수분이나

요소 혹은 이산화탄소로 분해됩니다. 가장 까다로운 물질들은 간에서 처리되는데, 그런 점에서 간이야말로 진정한 의미의 쓰레기 소각로라 하겠습니다. 그러나 아주 드물게 인체의 신진대사 속도를 초과할 만큼 색깔 성분을 과다 섭취했다면 색깔 성분이 모두 제거되지 않은 채 액체로 체외 배출되기도 합니다. (근대뿌리로 만든 러시아 스프인) 보르스치를 탐닉하는 대식가들은 그런 사실을 잘 알고 있습니다.

인체의 신비 | 비누 미라

얼마 전 남부 이탈리아에 모신 제 친구 할아버지 시신을 최근 돌아가신 할머니 곁으로 이장하기 위해 산소를 다시 파냈던 현장에서 있었던 일입니다. 까무러치는 줄 알았습니다. 시신이 완벽하게 보존된 채 부패가 전혀 진행되지 않았기 때문입니다. 끔찍한 교통사고로 부상을 입고 돌아가신 지 거의 30년이 다 되신 분의 시신이 멀쩡하다니요. 더군다나 매장할 때 특별한 관을 사용했던 것도 아니었습니다. 이런 일은 흔히 일어나는 일입니까? 어떻게 주검이 여태껏 썩지 않을 수가 있습니까? 토양이나 지형이 중대한 영향을 미쳤던 걸까요?

— **키라 케이** 오스트레일리아, 뉴사우스웨일스 주, 로즈뱅크

_ **앤 루니** 영국, 케임브리지 시신이 썩지 않는 일은 일반인들의 예상과 달리 결코 드문 일이 아닙니다. 많은 성인(聖人)들이 자신이 진정한 성인이었음을 증명하기 위해 교묘한 술수를 동원해서 장례 후에도 자신의 시신을 썩지 않게 했습니다. 더욱 극적인 사례의 주인공은 단테 로세티의 아내입니다. 돈은 다 떨어지고 참신한 영감도 바닥나자 단테 로세티는 아내와 함께 매장했던 자신의 시집을 되찾기 위해 아내의 무덤을 파헤칩니다. 그는 조금도 썩지 않은 아내의 빛나는 모습에 약간 양심의 가책을 느꼈다고 합니다.

그렇게 시신이 보존되는 이유는 체내의 지방조직이 시랍(屍蠟)을

형성하기 때문입니다. 시랍은 비누와 비슷한 조직구조를 갖는 물질로서 주성분은 지방산염과 포화지방 첨가물입니다. 시랍층으로 덮인 사체를 일상용어로는 '비누 미라'라고 합니다.

남성보다 여성에게서 시랍 현상이 잘 일어나는 이유는 아마도 여성들이 더 많은 지방을 갖고 태어나기 때문이겠지만 습도와 온도 같은 조건도 영향을 미치는 것 같습니다. 언급하신 고인의 경우에도 산소를 남부 이탈리아에 모셨기에 망정이지 영국같이 차가운 진흙땅에 묻히셨다면 시신이 보존되지 못했을 것입니다. 보존상태가 아주 뛰어난 시랍 시체들 중 상당수가 이탈리아에서 발견됐습니다.

시랍화 과정은 빠르게는 몇 주 이내에도 시작되지만 몇 년 후에 시작되기도 합니다. 몇 년 후에 시작된다는 것은 부패가 상당한 수준에 이르렀어도 시랍화가 일어날 수 있다는 뜻입니다. 과체중인 시신은 시랍화가 더 잘 일어납니다. 뚱뚱한 사체에는 수분과 지방이 풍부하기 때문에 매장 조건에 관계없이 시랍화가 신속히 진행됩니다. 주변 조건이 습하거나, 포름알데히드 같은 물질이 존재하거나, 시신에 인공섬유로 만든 의복이나 수의를 입혔을 경우에는 시랍화 과정이 가속화됩니다. 드물기는 하지만 지방뿐만 아니라 근육이 시랍화되기도 합니다. 시신의 상태가 아주 양호하다면 충분히 그럴 수 있습니다.

_앨런 타만 영국, 웨스트미들랜즈 주, 서턴콜드필드 매장한 주검이 부패되려면 충분한 수분이 필요합니다. 그래야만 자가용해와 미생물의 활동에 의한 신체조

직의 분해 과정이 진행되기 때문인데, 그같은 과정은 통상 장의 회맹부에서 시작됩니다. 건조한 토양을 비롯해 메마른 환경은 시신에서 수분을 빼앗습니다. 시신 건조화의 주범은 증발작용입니다. 근처에 더 건조한 물질이 있으면 시신의 수분은 발산될 수밖에 없습니다. 주변 토양이 계속해서 수분을 흡수할 정도로 건조하고 주위 조건이 증발작용을 촉진할 정도로 따뜻하다면 시신 건조화는 목재 관의 벽면을 뚫고서도 얼마든지 일어납니다.

무덤이 위치한 남부 이탈리아가 그런 조건을 갖춘 지역이었던 까닭에 아마 시신도 부패를 멈추었던 것 같습니다. 사실 시신을 땅에 묻지 않는다면 그같은 환경 조성에 의한 부분적인 시신 보존은 그리 어렵지 않습니다. 예를 들어 건초 저장용 다락이 그렇습니다. 건초 다락은 온통 마른 공기와 건초뿐이라 시신의 수분을 증발시킵니다.

그같은 과정은 건조 지역에 형성된 자연 무덤에도 확대 적용됩니다. 토양에 수분이 적다는 점도 동일하고 수분을 완전 탈수시켜 인체 조직을 메마르고 딱딱하게 보존시킨다는 점에서도 일치합니다. 미라는 그런 환경에서 탄생합니다. 고대 이집트에서 미라 만들기 열풍이 문화적 풍습으로 자리 잡는 데는 미라가 저절로 만들어지는 사막이란 환경도 한몫했을 것입니다.

> **인체의 신비 | 생명이란 무엇인가**
>
> 인간 성인 개체의 화학식은 정확히 어떻게 됩니까? 즉 그 구성원소비 말입니다(오염물질까지 포함시켜주세요). 그리고 우리와 조우할 최초의 외계 생명체는 어떤 화학식을 가진 존재들일까요?
>
> ㅡ
> 폴 몽모랑시 영국, 런던

_라우리 수오란타 핀란드, 에스포오 인간의 '화학식'은 다양한 요소에 의해 결정되며 남자냐 여자냐에 따라서 가장 크게 달라집니다. 남성은 여성에 비해 신체에 수분 함량이 많은 반면 여성은 지질이 더 많습니다. 체중으로 따진다면 인간의 몸은 약 3분의 2가 산소로 이루어졌고, 탄소 20퍼센트, 수소 10퍼센트, 질소 3퍼센트의 순으로 이루어져 있습니다. 오염물질에서 기인한 원소가 차지하는 비중은 아주 미미합니다.

만일 인간의 몸이 낱개의 원자로 쪼개진다면 그 실험공식은 이렇습니다. $H_{15750} N_{310} O_{6500} C_{2250} Ca_{63} P_{48} K_{15} S_{15} Na_{10} Cl_6 Mg_3 Fe_1$. 원자 간의 상대적인 숫자는 인체에 존재하는 원자 간의 질량비를 반영합니다.

외계 생명체가 무엇으로 구성됐을지는 두 가지 핵심 요소에 달렸습니다. 첫째, 거대분자의 '골격'을 형성하는 원소가 무엇이냐 하는 것입니다. 지금까지 발견된 모든 생명체는 탄소 기반 생명체였습니다. 탄소는 긴 사슬을 형성해 다른 원소와 단단히 결합합니다. 거대분자를 형성할 탄소 대용 재료로서 가장 유력한 후보는 규소, 인, 질소입니다. 둘째, 신체를 작동시킬 생화학 반응을 위한 용매가 무엇이냐 하는 것입니다. 물을 대신할 가장 강력한 후보는 암모니아(NH_3)입니다. 암모니아는 대부분의 유기분자를 용해시킬 수 있습니다. 또한 물보다 어는점이 낮으며 우주 공간에 널리 분포합니다. 따라서 외계 생명체는 규소 내지는 암모니아 기반 생명체일 가능성이 높습니다.

_존 월터 하워드 영국, 데번 주, 엑서터 화학원소는 성인 몸속에서 다양한 분자종과 원자종의 형태로 존재합니다. 그 정확한 화학식을 표준형으로 표현하면 이렇습니다. $7 \times 10^{25} H_2O + 9 \times 10^{24} C_6H_{12}O_6 + 2 \times 10^{24} CH_3 (CH_2)_{14} +$ ……. 그러나 그 기다란 화학식으로 책 한 권을 가득 채운다 해도 모든 생명체를 구분하기란 아마 불가능할 것입니다. 살아 있는 생명체 내부에서 일어나는 화학 교환과 에너지 교환으로 정의되는 신진대사 활동에 의해 그같은 화학공식은 끊임없이 변화하기 때문입니다.

어떤 과정을 화학공식화해놓으면 편합니다. 모든 원소를 발견해 그 작용을 수학적 표현으로 완성해놓으면 전 과정이 규정됩니다. 그러나 그것만으론 부족합니다. 생명이란 적응을 위해 자신의 질서구조를 재조종하는 광범위한 자기조절능력을 지닌 존재로서, 되먹임(피드백) 제어방식을 활용합니다. 유기체는 자신의 자원을 창발적으로 활용합니다. 화학반응이 일어나도 그 상호조화는 창발이라는 통제방식에 의해 조절됩니다. 그것이 의미하는 바는 인간을 정확한 화학식으로 표현하기란 불가능할 뿐만 아니라 불필요하며, 잘못된 시도에 그칠 수도 있다는 사실입니다. 생명이란 화학적 물질들과 더불어 살아갈 뿐 결코 화학적 물질로만 만들어진 존재가 아닙니다.

저는 그같은 사실을 우리가 만날 외계 생명체에게도 적용해야 한다고 생각합니다. 우리는 이미 오래전부터 외계 생명체의 신호를 찾기 위해 전자기 스펙트럼을 조사하고 있으며 오늘날 상당수의 신호를 수신 중입니다. 그러나 그 신호의 주인공이 과연 생명체인지를 어떻게 알겠습니까? 제 생각에는 오로지 단 하나, 그들이 생명체의 특성을 보여줄 때만 가능합니다. 즉 자기조절능력을 지녔으며 화학 과정이라는 물질적 하부구조에 의해 상향식으로 규정되는 존재가 아니라는 사실이 입증돼야만 합니다.

인체의 신비 | **비듬 샴푸**

비듬 방지용 샴푸는 어떤 작용을 하나요?

유진(전자우편으로 보내주셨으며 주소는 없었습니다)

_ 로디 매켄지 영국, 에든버러 대학교   알려진 바에 의하면 비듬은 정상인의 피부에 기생하는 피티로스포룸 오발레(*Pityrosporum ovale*) 같은 효모균이 밀생하여 생깁니다. 효모균의 밀생은 국부적인 흥분을 유발해 피부의 바깥층을 형성하는 세포(각질세포)를 과도하게 증식시킵니다. 그렇게 형성된 각질 비늘이 쌓였다가 떨어지는 것이 바로 비듬입니다.

비듬 방지용 샴푸는 세 가지 기전을 통해 작용합니다. 콜타르 같은 성분은 항각질화제로서 각질세포의 분열을 억제합니다. 샴푸에 함유된 세정 성분은 각질용해제로서 축적된 각질 비늘을 분해합니다. 마지막으로 케토코나졸 같은 항진균성 치료제는 효모균 자체의 증식을 억제합니다. 그밖에 황화셀렌 같은 성분 역시 효모균 증식을 억제해 각질 비늘 발생을 막아줍니다.

인체의 신비 | 가슴 짜릿한 충격

사람이 전기감전으로 사망하는 이유는 전류 때문입니까 전압 때문입니까?

_ 카일 스코츠키 미국, 위스콘신 주, 브룩필드

_ N. C. 프리즈웰 영국, 웨스트서식스 주, 호셤, 국제전기기술위원회 전기감전 분과위원회

전류 때문입니다. 전기감전으로 인한 사망사고의 대부분은 전류가 심장 부위를 통과해 일어납니다. 그 충격 정도는 감전 시간을 비롯해 다양한 개별 변수에 의해 결정됩니다. 주전원의 주파수가 50~60헤르츠일 경우 특히 치사율이 높습니다. 그 주파수에서는 몇 십 밀리암페어에 불과한 전류라도 심실세동을 유발할 수 있습니다. 심실세동은 심장 박동수를 비정상적으로 상승시켜 뇌로 공급되는 혈액 박출을 방해함으로써 환자를 단 몇 분 만에 사망에 이르게 합니다.

인체는 전기 저항체이므로 전류의 흐름은 전압에 영향을 받습니다. 또한 피부의 건조 정도, 전류가 어디로 들어와 어디로 나가는가 하는 신체 출입 경로에도 영향을 받습니다. 따라서 무작정 어느 정도의 전압이면 안전하다고 장담하기 어렵습니다. 국제전기기술위원회(IEC) 전기감전 분과위원회에서 잠시 그런 시도를 한 적도 있었지만 고려해야 할 변수가 너무 많아 단일한 권고지침을 만드는 데는 실패했습니다.

전기감전이 사망사고로 이어지는 데는 또 다른 이유도 있습니다. 그중 하나가 근육 수축입니다. 전류가 가슴을 통과하면 호흡 곤란에 따른 질식 상태가 일어납니다. 뇌를 통과하다 호흡중추를 건드려도 질식 상태가 일어납니다. 이때에도 사망사고의 주범은 전류라는 점에서 한층 더 위험한 쪽은 전압이 아니라 전류입니다.

전기에 감전되고도 살아남은 사람들이 많습니다. 그것은 그들이 특별히 강했기 때문이 아니라 대개 감전 시간 내지는 옷이나 신발 같은 저항체 착용 등이 전류의 흐름을 방해하는 요인으로 작용했기 때문입니다. (전류차단기 혹은 콘센트형 누전차단기로도 불리는) 누전차단기가 만병통치약처럼 선전되지만 감전 시간을 줄여줄 수는 있어도 감전 그 자체를 막아주지는 못합니다.

결론을 맺자면 전기감전사의 원인은 전류와 시간입니다.

_ 마이크 팔로우스 영국, 웨스트미들랜즈 주, 윌렌홀 전기감전에 의한 부상 정도는 전류의 세기에 따라 달라집니다. 그러나 초전도체 같은 경우가 아니라면 전압이 있어야 전류가 흐르므로 그런 구분은 다소 인위적입니다. 인체의 저항도가 일정하다면 전압 역시 믿을 만한 척도가 될 것입니다. 그러나 저항도를 결정짓는 데는 다양한 변수가 개입합니다.

예를 들어 마른 피부의 전기 저항도는 50만 옴입니다. 그러나 젖은 피부는 저항도가 1000옴으로 떨어집니다. 소금물 전기저항도의 단두 배에 불과합니다. 따라서 피부가 물에 젖으면 더 심한 부상을 당하기 쉽습니다.

전류가 어디를 통과했는가도 중요합니다. 이것이 전기 작업을 할 때 절연체를 밟고서 한 손을 등 뒤로 돌려야 하는 이유입니다. 그러면 접지전류가 가슴 부위를 거치지 않고 곧장 발로 흐르게 되므로 전류가 심장을 관통할 확률이 줄어듭니다. 전류가 심장을 관통하면 심장이 정지하며 전기에너지가 열로 전환되는 과정에서 심각한 화상을 입히기도 합니다.

교류는 직류보다 네다섯 배 더 위험합니다. 교류가 직류보다 더 심각한 근육경련을 일으키기 때문입니다. 또한 땀 배출을 자극해 피부의 저항값을 떨어뜨려 인체를 통과하는 전류량을 증가시킵니다. 분당 60회의 주파수가 가장 위험한 범위입니다.

토머스 에디슨은 1886년 뉴욕 주에서 교수형보다 더 인간적인 사형 방법을 찾기 위해 위원회를 만들자 교류의 위험성을 알리는 데 주력합니다. 그는 해럴드 브라운을 고용해 교류전기로 작동하는 전기의자를 발명합니다. 교류전기는 전기의 상업적 보급을 놓고 에디슨과 각축전을 벌이던 측에서 선호하는 방식이었습니다. 에디슨은 생각했습니다. '전기의자에서 범죄자들이 계속해서 사형당하면 잠재적 고객들은 교류전기 대신 우리 측에서 개발한 직류전기 방식을 선택하리라.' 에디슨에게는 안된 일이지만 그 기발한 호객행위용 발명품은 보기 좋게 실패합니다. 교류전기(AC)가 더 값쌌을 뿐만 아니라 전압을 상승시키면 더 효율적인 장거리 전송이 가능했기 때문입니다.

_ 마이크 브라운 영국, 체셔 주, 너츠포드 전기는 엉뚱한 곳에 에너지를 전달해 인명을 앗아갑니다. 그 에너지는 전압과 전류 그리고 시간의 합작품입니다. 고작 100마이크로암페어·전압 수 볼트에 불과한 전기라도 심장을 직통하거나, 대략 30밀리암페어·수백 볼트에 달하는 전기가 양쪽 손을 통과하는 날에는 목숨을 걱정해야 합니다. 그것은 전기충격이 심장의 전기활동을 교란시켜 심실세동을 유발하기 때문입니다. 물론 심실세동 상태에서 벗어나려면 제세동기를 사용해 또 다른 전기충격을 가해야겠지만 그나마 상황이 허락될 때나 가능합니다.

전기는 다른 방법으로도 우리 목숨을 빼앗습니다. 전기의자는 호흡근육을 통제가 불가능할 정도로 수축시켜 우리를 질식사시키는 듯합니다. 또한 전기의자는 사형수를 데침요리로 만들어버리기도 합니다만 상대적으로 심실세동이나 뇌가 전류에 감전되는 데 따른 급격한 의식 상실을 동반하지는 않는 것 같습니다. 사례를 바꿔, 엄청난 전류에 감전됐다면 즉사는 모면했더라도 끔찍하고 치명적인 화상이 남습니다. 그것이 서서히 우리의 목숨을 앗아가는 결과를 낳음은 물론이고요. 마지막으로 고압 방전은 우리를 날려버리거나 옷에 불을 붙이기도 합니다. 송전탑에서 일하는 중이었다면 어느 쪽이든 사망사고로 이어지기 십상입니다.

인체의 신비 | **손가락이 먼저냐 콧구멍이 먼저냐**

손가락 굵기와 콧구멍 지름이 딱 맞던데 우연인가요? 우연이 아니라면, 우리 엄마는 왜 코를 후비지 못하게 하는 거죠?

_ 잭 월턴(9세) 영국, 런던

_ 홀리 던스워스 미국, 펜실베이니아 주, 주립대학 어머니께서는 싫어하시겠지만 콧구멍을 후비지 않고도 콧속을 깨끗이 비울 수 있는 방법이 있습니다. '콧바람 발사하기' 라는 방법입니다. 한쪽 코를 눌러 막은 다음, 심호흡을 하고 입을 다무세요. 그리고 맞은편 코로 콧바람을 최대한 단숨에 힘껏 내뿜으십시오. 놀랍지 않습니까. 콧속에 있던 내용물이 단방에 쑥 빠져나갑니다. 틀림없이 고개도 젖혀지셨을 겁니다. 안 그랬다면 몸이 젖혀질 테니까요.

콧바람 발사하기 같은 콧속 비우기 요령이 증명하듯, 손가락과 콧구멍이 서로 후비고 파이기 좋은 관계로 공진화했다고 할 만한 결정적 근거는 없습니다. 우선 코가 막혀도 별 문제없습니다. 호흡은 입으로도 가능하니까요. 사실 막힌 코가 정작 문제되는 경우는 단 하나, 코뼈 근처에 이물질이 끼어 코에서 가까운 뇌가 위험해진 경우입니다. 거기는 우리의 굵다란 손가락으로는 어찌해볼 도리가 없습니다. 어느 영장류학자가 들려준, 피를 잔뜩 빤 우간다 진드기를 코에서 족집게로 꺼내는 으스스한 이야기가 떠오르네요.

만일 예를 들어 홍적세(플라이스토세) 여인들이 코 파는 사내와 짝짓기를 좋아했다면 혹은 상대방 코 파주기가 남녀 간의 구애의식이었다면 성선택이 콧구멍과 손가락의 크기 관계를 지지하는 증거가 됐겠지요. 얼마가 됐든 손가락과 콧구멍이 지금보다는 더 상호 호혜적인 관계로 발전했을 테니까요.

따라서 결론을 내리겠습니다. 예, 맞습니다. 손가락과 콧구멍의 멋진 일치는 우연에 불과합니다. 서로 상관이 있음을 증명한다고 해서 과연 어머니께서 습관성 코 후비기에 대한 생각을 바꾸실지도 의문입니다. 그 대신 콧바람 발사하기를 시범보이고 나서 어머니의 말씀을 들어보시기 바랍니다.

_ 존 리치필드 남아프리카공화국, 서머싯웨스트 서로 상호작용해야 하는 신체기관들은 대부분 크기와 모양이 일치합니다. 일부 포유류와 상당수 곤충들의 암수 성기, 유대류 새끼와 어미의 입과 젖꼭지, (많은 동물들한테서 나타나는) 상호보조를 위해 길어진 발톱과 발가락 등이 대표적 사례입니다. 그러나 짝이 어긋난다고 신체기관이 상호작용하지 못하는 것은 아닙니다. 예를 들어 포유류 암컷의 산도는 태아가 통과하기에는 아주 적당합니다만 수컷 성기에 비해서는 너무 큽니다. 따라서 지름을 확장하거나 축소시켜 상대 기관과 알맞게 크기를 조절합니다.

그러나 반대 경우는 성립하지 않습니다. 굵기를 지름에 맞추는 것은 상호 일치에 해당되지 않습니다. 손가락으로 후비기 좋은 신체 부위가 몇 곳 있습니다. 어머니께서 절대 후비지 말라고 타이르는 부위들일 겁니다. 더군다나 남들 앞에서 후빈다면 말입니다.

인간에게는 콧구멍이 두 개 그리고 크기가 다른 다섯 개의 손가락이 있습니다. 그중 일부의 크기가 얼마든지 일치할 수 있습니다. 너무 큰 의미를 부여하지 마십시오. 더구나 어떤 선택적 압력이 작용해 콧구멍이 손가락에 크기를 맞췄다고 확신할 만한 증거도 없습니다. 오히려 자연은 바다코끼리의 사례에서 증명되듯 콧물이 새지 않게 콧구멍을 틀어막으려 했습니다. 지적 설계론자의 관점에서도 코 파기 같은 예술은 우연의 산물일 뿐입니다.

_ **던컨 해넌트** 영국, 레스터셔 주, 러프버러, 노팅엄 대학교 대형동물 면역학과 교수 정확히 한쪽 코로만 콧바람 발사하기가 실로 멋지고 대단한 발상이라는 데는 동의합니다만 홀리 던스워스 님이 제안하신 한쪽 콧구멍으로 '최대한 힘껏 단숨에 내뿜기'에는 신중할 필요가 있습니다. 어린 학생 한 명이 콧구멍으로 엄청난 코피를 터뜨리며 갑자기 졸도한 사건을 경험한 저는 전문가로서 그 기술에 대한 소견을 알려드렸을 따름입니다.

_ **브론** 오스트레일리아 한마디 경고의 말을 추가하고 싶습니다. 그런 방법은 아주 비위생적이며 몇 가지 질병을 전염시키기도 합니다. 콧바람을 발사하시려거든 혼자 계실 때만 하셔야 마땅합니다.

인체의 신비 | **햇빛 재채기**

컴컴한 곳에 있다 갑자기 밝은 곳으로 나오면 재채기를 하는 사람들을 많이 봤습니다. 이유가 뭔가요?

D. 부스로이드 영국, 하트퍼드셔 주, 하펜던

_ **스티브 조지프** ^{영국, 서식스 주} 광자가 코를 자극하기 때문입니다.

_ **앨런 베스윅** ^{영국, 머지사이드 주, 버컨헤드} 이유는 아주 간단해 보입니다. 햇빛이 어떤 곳, 특히 유리로 밀폐된 곳에 비치면 온도가 급상승합니다. 그러면 따뜻해진 공기가 상승하고 이때 수백만 개의 먼지와 털섬유 부스러기들 역시 날아오르게 됩니다. 그렇게 날아오른 것들이 순식간에 우리 코 안으로 들어와 재채기를 일으키는 거죠.

_ **앨릭스 햄럿** ^{영국, 버크셔 주, 뉴버리} 저를 비롯해 저희 어머니와 누이 중 한 명도 그런 증상으로 고생합니다. 제가 생각하기에 이건 유전적인 증상입니다. 모르기는 해도 그런 재채기를 함으로써 어떤 이익이 있으니까 진화한 게 아닐까요. 제가 여러 사람에게 물어봤는데 우리 같은 햇빛 재채기꾼들이 소수인 것 같았습니다. 오존층이 얇아지고 더 많은 자외선이 지구 대기를 뚫고 들어오는 상황에서 태양의 직사광선에 눈을

5. 인체의 신비 213

내맡기는 일은 갈수록 위험천만한 일이 될 겁니다. 하지만 우리 같은 햇빛 재채기 유전자 소유자들은 그런 위험을 피할 수 있습니다. 재채기를 하면 자동적으로 눈이 감기니까요! 다른 사람들은 서서히 장님이 돼가겠지만요.

_ R. 에클스 ^{영국, 카디프, 감기 및 코 연구소} 밝은 빛에 노출됐을 때 일어나는 습관성 재채기를 전문용어로는 '광반사 재채기'라고 합니다. 한 세대에서 다음 세대로 이어지는 유전형질로 18퍼센트 내지 35퍼센트의 인구가 이에 해당합니다. 재채기는 우리 눈의 자기 보호를 위한(이 경우는 밝은 빛으로부터 눈을 보호하기 위한) 반사작용으로서, 코와도 밀접한 연관이 있습니다. 재채기를 하면 눈이 감기고 눈물이 나는 것도 마찬가지 이유에서입니다. 전투기 조종사들에게는 이 광반사 재채기가 위험한 것으로 잘 알려져 있습니다. 이들이 태양을 향해 방향을 틀거나 야간에 대공포화가 내뿜는 섬광에 노출되면 광반사 재채기로 인해 위험 지경에 빠지게 되니까요.

_ C. W. 하트 ^{미국, 워싱턴 DC, 스미스소니언 박물관} 여기 빛 재채기라는 주제에 대한 옛 선조들의 생각이 엿보이는 자료가 있습니다. 출처는 프랜시스 베이컨의 《숲들의 숲》(런던: 존 하빌랜드 포 윌리엄 리, 1635년, 170쪽)입니다.

"태양을 똑바로 쳐다보면 재채기가 일어난다. 그 원인은 콧구멍이 가열되기 때문이 아니라, 콧구멍을 막고 있으면 눈만 깜빡일 뿐 재채기는 일어나지 않는 데서 알 수 있듯, 뇌에서 수분이 배출되기 때문이다. 그래서 눈에서 물이 흘러나오는 것이다. 수분 배출은 눈으로도 이루어지지만 동조 작용에 의해 콧구멍으로도 이루어진다. 그 결과 재채기가 일어난다. 반대로 콧속을 간질여도 동조화에 의해 수분이 콧구멍은 물론 눈으로도 배출된다. 따라서 콧물과 눈물이 나오는 것이다. 그러나 관찰한 바에 따르면, 재채기가 나오려는 순간에 눈을 눈물이 나올 때까지 비비면 재채기가 일어나지 않았다. 그 이유는 체액이 눈구멍으로 이동해 콧구멍으로는 조금만 흘렀기 때문이다."

인체의 신비 | 전기의 힘?

강력한 전기가 흐르는 전선에 닿았을 때 몸이 뒤로 밀려 나뒹굴게 되는 일이 있다고 합니다. 이때 몸을 튕겨나가게 하는 힘은 어디서 나오는 겁니까? 모든 힘에는 반작용이 따르는 법이지만, 이 경우 전기에는 그런 미는 힘은 확실히 없지 않나요.

존 데이비스 쿠웨이트, 아흐마디

로저 디어낼리 영국, 옥스퍼드셔 주, 애빙던 그 힘은 사람 몸의 근육에서 나옵니다. 몸에 강력한 전류가 흐르면, 근육은 전류에 자극을 받아 강하게 수축됩니다. 이 경우 의도적으로 근육을 수축시킬 때보다 훨씬 더 많이 수축되는 일이 종종 있습니다.

우리가 몸을 움직일 때 근육섬유들이 수축될 수 있는 비율에는 일반적으로 한계가 있습니다. 하지만 몸에 극도의 자극이 가해지면, 이런 한계가 높아져 격렬한 반응이 일어나 부상을 당할 수도 있습니다. 이것이 바로 '히스테리성 힘' 효과라는 것이 나타나는 원리입니다. 자기 아이가 자동차 밑에 깔렸을 때 아이 엄마들이 차를 번쩍 들어 올리거나, 정신병자들이 간호요원들 예닐곱 명이 감당하지 못할 정도의 괴력을 발휘하는 것 따위가 바로 그런 경우죠.

근육이 전류의 자극을 받으면, 원래 정해져 있는 한계가 적용되지 않기 때문에 격렬한 수축이 일어납니다. 한쪽 팔을 통해 들어온 전류는 일반적으로 복부를 거쳐 한쪽 다리 혹은 양쪽 다리를 통해 흘러나가는데, 이때 몸에 있는 근육의 대부분이 한꺼번에 수축됩니다. 정확한 결과는 예측할 수 없지만, 아무튼 다리와 등 근육의 힘을 고려해볼 때, 아무런 의도적인 행동 없이도 감전자의 몸이 방 뒤쪽까지 날아갈 정도로 강력한 경우가 종종 있습니다. 따라서 갑작스럽게 전기충격을 받았다면 여러분은 스스로 몸을 날려 피했다기보다는 무언가에 내팽개쳐졌다는 느낌을 받을지도 모릅니다.

이때 여러분은 놀라울 정도로 멀리까지 아무런 의식적인 행동 없이 밀려 나뒹굴게 될 수 있습니다. 습한 주차장에서 한 여성이 번개에 맞은 적이 있습니다. 의식을 되찾았을 때 이 여성은 자신의 몸이 번개를 맞은 곳에서 무려 12미터 정도나 떨어진 곳에서 발견되었다는 것을 알게 되었습니다. 하지만 이 경우 그녀가 서 있던 곳에 고여 있던 물이 번개를 맞아 순식간에 끓어오르면서 생긴 증기 폭발로 생긴 물리적인 힘도 일부 작용했을 것입니다. 그녀는 신경 손상과 여타 부상 때문에 부분적인 장애를 안게 되기는 했지만 아무튼 목숨만은 구했습니다.

전기충격을 받고 방 끝까지 밀려 나뒹굴 때 생기는 흔한 부작용 중에는 멍이나 여타의 부상 말고도 극단적인 근육 수축으로 인한 근육 염좌가 있습니다. 물리치료사, 지압치료사와 정골의사들은 환자가 처음 찾아왔을 때 전에 전기충격을 받은 적이 있는지를 물어봅니다.

방 끝까지 밀려 나뒹굴게 되면 전기와의 접촉이 끊어져 목숨을 구하는 데 도움이 될 수도 있습니다. 특히 전류가 손에 들고 있는 것에서 흘러나온 경우에는 감전자의 팔이나 손의 근육으로 흘러들어가지만 나갈 곳을 찾지 못합니다. 만약 무언가가 개입하지 않으면 심장세동이나 감전으로 목숨을 잃을 위험도 있습니다. 접지가 제대로 되지 않은 금속성 마이크를 들고 노래를 부르던 록 가수가 갑작스럽게 감전을 당해 꼼짝도 못하게 된 적이 있다는 조금은 미심쩍은 이야기가 생각납니다. 그 가수가 두서없이 괴성을 질러대며 무대 위에서 몸부림을 치는 일이 그다지 특별한 일은 아니었다는 것이 문제였지만, 다행이 팀원 중 한 사람이 뭔가 잘못되었다는 것을 알고 전원을 껐다고 합니다.

_ 존 패리 _{영국, 노스요크셔 주, 카울링} 이 문제에서 흥미로운 논점은 경직 상태로 몸을 꼼짝하지 못하게 되는 것이 아니라 왜 방 끝까지 밀려 나뒹구느냐입니다. 이유는 근육 뭉치들 사이에 우열이 있기 때문입니다. 이것을 뇌졸중 환자와 비교해봅시다. 몸의 반쪽이 뇌의 명령을 따르지 않을 정도로 뇌졸중이 심각할 경우, 팔은 구부러진 상태(예를 들면 손목이 구부러져 손가락이 손목을 가리키고 있거나 팔꿈치가 구부러져 윗팔이 아래팔과 닿아 있는 상태)로, 다리는 펴진 상태(무릎이 곧게 펴지고 발목이 뻗어 있어 발가락이 지면을 향해 있는 상태)로 굳어져버립니다.

그것은 뇌의 명령이 멈추면, 척수의 반사작용으로 인해 구부리거나 뻗는 일에 관여하는 근육쌍들을 포함해 모든 근육이 활성화되기 때문입니다. 어떤 한 근육군이 다른 근육군을 압도하게 되면 앞에서 언급된 효과가 생겨납니다. 따라서 만약 전하 때문에 '구부리거나 뻗는' 균형이 전체적으로 깨지는 일이 벌어진다면, 그와 관련된 근육쌍들은 사람이 밀려나 나뒹굴 정도의 힘을 만들어냅니다. 결코 추천할 만한 일은 아니지만, 제가 들은 바에 따르면 전류가 흐르는 도선과 접촉할 때에는 손바닥 쪽보다는 손등 쪽이 더 안전하다고 합니다. 왜냐하면 손바닥 쪽으로 도선을 잡고 있다면, 근육 경련으로 인해 오히려 도선을 더 잡게 되는 결과를 낳아 감전 상태가 지속되게 하기 때문입니다.

심장에 미치는 영향도 고려해야 하겠지만, 여기서는 논의를 생략합니다.

건강과 의학 | 추워도 괜찮아

추위와 감기는 어떤 상관관계가 있습니까? 만약 관계없다면 왜 민간에서는 술을 마시거나 이불을 덮지 않고 자면 감기에 걸린다고 하는 거죠?

안토니스 파파네스티스 영국, 런던

_ **마크 펠드먼** 뉴질랜드, 노슬랜드 아무 관계없습니다. 그런 식의 상관관계가 널리 유포된 데는 몇 가지 이유가 있습니다.

바이러스가 겨울철에 더 빨리 전파되는 이유는, 사람들이 실내에서 생활하는 시간이 더 늘어남에 따라 서로 모여 있는 시간 역시 늘어나기 때문입니다. 사람들은 겨울철에 창문을 닫아놓습니다. 외부의 '깨끗한' 공기와 차단된 실내 공기에서 바이러스 입자가 창궐하게 됩니다. 따라서 바이러스가 전파되기 더 쉬운 조건을 제공합니다.

겨울철의 차고 건조한 공기는 코 점막을 자극해 부풀어 오르게 합니다. 그 결과 우리는 '코를 훌쩍이게' 되고, 콧물은 감기 바이러스 감염 때문이라는 잘못된 생각에 빠지게 되곤 합니다.

사실 오한과 감기는 순서를 바꾸어 생각해야 실제 사실에 부합합니다. 오한은 발열의 흔한 초기 증상으로 감기 바이러스에 의한 감염의 원인이 아니라 결과입니다.

_ **페드로 곤잘레스 페르난데스** 영국, 런던 연구 결과들에 따르면 주위 온도와 감기 사

이엔 아무런 관계도 없습니다. 찬 기운에 노출되면 감기, 독감 또는 폐렴에 걸린다는 민간 속설에도 나름대로 근거는 있습니다. 그같은 질병들은 본격적인 증상을 보이기에 앞서 짧은 발열 기간을 거치기 때문입니다. 그 기간 동안 환자들은 추위와 오한을 경험합니다. 그러다가 다음 증상으로 이행하고 나면 금세 이전 증상들을 감기 때문이었다고 생각하게 되는 것입니다. 사실 독감을 일컫는 인플루엔자(influenza)라는 말도 독감이란 무엇엔가 영향받아(influence) 걸린다는 생각에서 유래했습니다. 고립된 생활을 하는 남극의 연구자들이 감기에 걸리지 않는다는 사실에서 입증되듯 감기는 추위 때문에 걸리는 것이 아니라 사람에게서 감염되는 것입니다.

_ 에스페란디 ^(전자우편으로 보내주셨으며 주소는 없었습니다) 사실 추위 때문에 감기에 걸릴 확률은 낮습니다. 우리가 아는 대부분의 감기 바이러스는 추운 곳에서는 얼어 죽고 따뜻한 온도(예를 들자면, 추위를 내쫓기 위해 불을 지핀 난롯가 곁의 아늑한 실내 공간 같은 곳)에서만 증식이 가능하기 때문입니다.

건강과 의학 | **녹색 콧물**

죄송합니다만 궁금해 죽겠습니다. 제 콧물이 종종 파르스름한데 왜 그런 겁니까?

—
데이비드 태너 독일, 펠스부르크

_로리 노스 영국, 런던_ 외부 세계와 접촉하는 인체의 여러 강(腔) 중에서 가장 호의적인 강은 아마도 비강, 즉 콧속이 아닐까 합니다. 콧속은 따뜻하고, 통풍도 아주 잘되며, 촉촉할 뿐만 아니라 무수한 박테리아들이 은밀히 먹고살 콧물이라는 식량 역시 마르지 않기 때문입니다(콧물에는 엄청난 양의 용해염과 당단백질이 포함되어 있습니다). 달리 말해, 콧속은 박테리아 번식의 천국이라는 뜻입니다. 그래서 박테리아들은 콧속에서 떠날 줄을 모릅니다.

인간과 동거하는 일반 박테리아의 상당수가 색깔을 띱니다. 예를 들어 포도상구균은 황금빛 노란색을 띠며 녹농균은(옛 명칭인 청록농균이 더 명쾌하게 표현했듯) 어두운 파란색을 띱니다. 일반적으로, 그런 녀석들을 비롯해 다수의 유기체들이 수시로 콧속에 들어와 살다 흐르는 콧물에 씻겨 목구멍을 넘어갑니다. 박테리아들은 대부분 우리 몸속에서 소화 흡수됩니다.

그러나 콧물의 흐름이 둔화된 상태에서 어떤 종류의 감염으로 인해 콧물마저 진해지는 상황이 발생하면 태평성대를 누리던 박테리아들이 증식하여 콧물이 특정 색깔을 띠게 됩니다. 그래서 아기와 아이들은, 많은 부모들이 알다시피 우리 앞에서 다소 정나미 떨어지는 장면 중 하나를 연출하게 되는 것입니다!

그러나 어쨌든 아직도 왜 녹색인지 아리송하시다면 기억을 돌이켜 보십시오. 노란색 콧물에 파란색이 첨가됐을 만한 어떤 일이 있지 않았는지.

_C. J. 반 오스 미국, 버펄로, 뉴욕 주립대학 미생물학과   J. O. 나임 미국, 뉴욕, 로체스터 종합병원 외과   로리 노스 님께서는 지난번 편지에서 녹색 콧물은 포도상구균의 황색과 녹농균의 청색이 합쳐 생긴 결과라고 하셨습니다. 그것은 다소 고루한 관점입니다. 물론 버기의 《세균학 편람》(윌리엄스 앤 윌킨스, 볼티모어, 1974년, 222쪽)에도 청록농균은 "일반적으로 상처, 화농 그리고 요도 감염에서 분리돼" 청색 고름의 원인균으로 작용한다고 나옵니다만 그것만으로 녹색 고름이나 콧물의 모든 발생 원인을 설명하기는 어렵습니다.

녹색 고름(혹은 녹색 콧물)은 다형핵(PRM) 과립구(호중구: 호중성백혈구)가 이온 함유 골수종 과산화효소와 그 외의 산화효소 및 과산화효소들을 활성화시키는 과정에서 발생합니다. 그같은 단기 지속형 식세포 백혈구는 왕성한 식욕을 발휘해 모든 종류의 박테리아를 섭취할 뿐만 아니라 이온 함유 효소들의 활성화에 의한 산화작용을 통해 박테리아의 활동을 정지시킵니다. 그 결과로 생긴 (죽은 다형핵들과 소화된 박테리아 그리고 쓰고 남은 효소들로 이루어진) 폐기물이 바로 고름입니다. 대량의 이온이 포함됐기 때문에 고름이 초록색을 띠는 것입니다.

_ 줄리 와더 _{영국, 옥스퍼드셔 주, 애빙던} 콧물이 항상 녹색을 띠지는 않습니다. 감기 초기에 발생하는 콧물은 리노바이러스의 침입에 의한 조직 손상 때문에 발생하며 무색투명합니다. 며칠을 두고 감염이 진행돼서야 비로소 녹색 콧물이 흐릅니다. 그것은 호중성백혈구들이 세포 파편 청소에 나섰으며 박테리아에 의한 2차 감염이 시작됐다는 뜻입니다.

_ 스티브 플랙노우 브라운 _{오스트레일리아, 시드니} 다핵형백혈구는 다량의 효소로 무장돼 있으며 그 중추세력은 과산화효소입니다. 동일한 과산화효소가 겨자무에서도 발견되는데, 겨자무의 진한 초록빛과 톡 쏘는 매운 맛은(금세 사라지기는 하지만) 바로 과산화효소에서 비롯됩니다. 일본의 와사비 맛에 일격을 당해보신 분들이라면 잘 아시리라 믿습니다. 영국의 겨자무 양념은 초록색이 아닙니다. 과산화효소는 불안정해 공기 중에 노출되면 산화되기 때문입니다. 그러나 진정한 와사비는 언제나 신선한 상태로 식탁에 오릅니다.

제 답변이 일부 독자분들의 초밥 맛을 떨어뜨렸다면 죄송합니다.

> **건강과 의학 | 당신이 잠든 동안에**
>
> 독감에 걸리면 온종일 콧물이 나다가도 밤에 잠자리에 들면 콧물이 뚝 그칩니다. 어떤 작용 때문에 콧물이 멈추는 겁니까? 무슨 약을 먹어야 같은 효험을 얻어 이 지긋지긋한 감기 증세에서 벗어날 수 있을까요? 그런 약을 먹는다면 감기도 전파력이 약해질까요?
>
> **피터 루니** 영국, 서리 주, 엡섬

_ 알렉산드라 매켄지 존스턴 영국, 노스요크셔 주, 서스크 중력 때문에 일어나는 현상일 뿐입니다. 잠자리에 들어가 누우면 콧물이 코 밖으로 흘러나오지 않고 코 통로 속에 숨어 있을 수밖에 없습니다. 대신 우리는 뒤편으로 역류하는 콧물을 목구멍으로 삼키게 됩니다.

옆으로 누워 자면 (아래쪽으로 낮아진) 한쪽 코가 막힙니다. 코가 막혀 불쾌해지는 문제는 대부분 방향을 바꾸는 것만으로도 간단히 해결됩니다. 이쪽으로 누웠다면 저쪽으로 돌아누우시고 저쪽으로 누웠다면 이쪽으로 돌아누우십시오. 그렇게 콧물 흐르는 방향과 반대로만 움직이면 코 막힘은 속 시원히 풀립니다.

_ 행크 로버츠 미국, 캘리포니아 주, 버클리 우리가 깨어 있는 동안 콧물이 흐르는 이유는 머리의 위치 때문입니다. 우리가 잠든 동안에 비후강 점액의 대부분이 목을 타고 넘어가는 이유는 이따금 엎치락뒤치락하기는 해도

6. 건강과 의학 227

어쨌든 누워 자기 때문입니다. 같은 증상으로 고생하던 저는 얼굴 넣는 구멍이 뚫린 안마용 탁자를 이용해 제 생각을 실험해본 다음부터는 머리받이로 머리를 괴어 코 높이를 낮추기로 했습니다.

님께서도 머리받이를 사용해보십시오. 머리받이 간격을 벌려 얼굴이 바닥을 향하도록 눕되 입과 코를 위한 공간은 남겨두셔야 합니다. 아차차, 그리고 반드시 손수건을 준비해두십시오. 밤새 엄청난 콧물이 쏟아져 나올 테니까요.

_ 데이비드 깁슨 _{영국, 웨스트요크셔 주, 리즈} 질문자께서 잘못 알고 계신 사실이 있습니다. 콧물은 전염되지 않습니다. 감기는 많은 경우 바이러스 접촉 후 감염까지 이틀에서 나흘 정도의 잠복기를 거칩니다. 그동안에는 대부분 증상이 나타나지 않습니다. 일단 콧물 증상이 나타난다는 것은 감염이 잘 통제되고 있으며 코의 분비액에 있던 엄청난 바이러스들이 줄어든다는 뜻입니다.

감기가 전염되는 가장 일반적인 경로는 손을 통한 바이러스 접촉입니다. 콧물을 통해 옮는 일은 흔치 않습니다. 그보다는 손잡이나 컴퓨터 마우스같이 다른 사람이 만진 물건의 딱딱한 표면을 통해 감염되는 경우가 더 흔합니다.

콧물 흘리는 사람을 피하는 것보다 훨씬 더 중요한 일은 여러분의 가정이나 사무실에서 온갖 물건을 만지작거린 손으로 절대 눈이나 코 혹은 입을 만지지 않는 것입니다.

> **건강과 의학 | 투쟁-도피 반응**
>
> 신경이 예민해지면 목이 깔깔해집니다. 어떤 신체 변화가 일어나기 때문인가요?
>
> 하워드 포스 영국, 데번 주, 호니턴

_ M. 스코튼 (전자우편으로 보내주셨으며 주소는 없었습니다) 남들 앞에서 말할 때 목이 깔깔해지는 것은 우리의 인체가 '투쟁-도피' 태세에 돌입하기 때문입니다. 그것은 자율신경계의 반응으로 동물의 세계에서도 발견되며, 포식자에게 쫓기는 상황을 포함해 여러 위험 상황에서 생존능력을 강화시켜줍니다.

자율신경은 반응의 중요도에 따라 선택적으로 활성화됩니다. '지금 먹는 것 따윈 중요하지 않다. 우선 여기서 벗어나는 것이 급선무다.'라고 판단되면 입 부위의 자율신경이 침샘 작용을 억제해 입 안이 마르게 됩니다. 그뿐만이 아닙니다. 동공이 확대되고 심장과 근육으로 들어가는 혈관이 확장됩니다. 필요하다면 아무리 격렬한 활동이라도 불사해야 하는 가장 중요한 신체기관에 우선적으로 혈액을 공급하기 위해서입니다.

_ 빌 아이작슨 (전자우편으로 보내주셨으며 주소는 없었습니다) 그것은 '투쟁-도피' 반응과 관련 있습니다. 긴박하거나 위급한 상황에서 인체는 불필요한 기능을

모두 정지시킵니다. 소화계도 예외가 아닙니다. 침샘 역시 소화계의 일부입니다. 사자에게 뒤쫓기는 상황에서 방금 먹은 밥을 소화시키는 일은 중요치 않습니다. 그런 현상은 가슴 두근거리는 상황에서도 똑같이 발생합니다.

건강과 의학 | **노세보 효과**

치료제 실험과정에서 나타나는 위약 효과에 대한 논의들은 항상 위약 효과의 긍정적인 면에만 주목하는 것 같습니다. 위약 효과의 부정적인 면은 없습니까?

피터 그랜트 오스트레일리아, 사우스오스트레일리아 주

_ 이언 스미스 영국, 런던 위약이란 설탕이나 모조 알약같이 아무런 약학적 효능을 갖지 않는 물질을 말합니다. 위약은 약품의 효과를 검증하는 실험에서 널리 사용되며 실험 중인 약품과 모양과 냄새가 똑같습니다. 피실험자들은 자신이 먹는 약이 진짜인지 가짜인지 전혀 알 수 없습니다.

위약 효과가 일어나는 원인은 아직 논쟁거리지만 생리학적 효과라기보다는 심리학적 효과라는 데 대부분 동의합니다. 자신이 먹은 약이 분명 긍정적 효과를 가져다주리라는 신념이 작용한 결과라는 것입니다. 한편 위약 효과는 조건화를 수반합니다. 약효를 기대하는 환자들이 효과를 경험하는 것입니다.

위약을 사용한 진통제 실험 사례가 있습니다. 뇌에서 분비되는 아편 성분의 화학 진통제와 관련된 실험이었습니다. 한 연구에서 위약을 진통제라고 믿은 환자들은 통증이 완화됐지만 아편성 진통제의 효과를 억제하는 약품을 먹은 환자들에게서는 통증 완화 효과를 전혀

경험하지 못했다는 사실이 밝혀졌습니다.

위약(placebo) 효과의 부작용을 노세보(nocebo) 효과라고 합니다. 노세보라는 말은 라틴어로 '내 몸에 해롭다'는 뜻입니다. 모조 알약을 복용한 환자들이 가끔 불안이나 우울 같은 부작용을 경험하는 경우가 있습니다. 그것은 치료의 역효과에 대한 환자의 선입견이 개입해 또 다른 조건화가 형성됐기 때문일 것입니다. 한 실험 보고에 따르면 자기가 심장병에 걸릴 확률이 높다고 믿는 여성들은 그렇지 않은 여성들보다 심장 질환에 걸려 사망할 확률이 거의 네 배나 더 높았습니다.

위약은 우리를 윤리적 딜레마에 빠뜨립니다. 그런 상황은 주로 환자들에게 가짜 약을 진짜 약인 것처럼 속임으로써 실제로는 그들의 치료 기회를 박탈하고 있는 의사들에 의해 발생합니다. 만일 환자들에게 노세보 효과에 의한 심각한 부작용이라도 발생한다면 뜨거운 시비 논란 속에 사태는 더욱 악화될 것입니다.

_로스 파이어스톤 ^{미국, 일리노이 주, 위넷카} 예, 맞습니다. 부정적인 위약 효과도 있습니다. 그것을 노세보 효과라 부릅니다. 노세보 효과 역시 위약 효과와 마찬가지로 심리적 작용의 결과이며 신체적인 반응의 결과라고 보기는 다소 어렵습니다. 두 효과 모두 환자의 믿음에서 기인하는 바가 큽니다. 아프다고 생각하면 아픕니다. 노세보 효과 때문입니다. 낫는다고 생각하면 낫습니다. 위약 효과 때문입니다.

약을 복용하고 노세보 효과를 나타내는 환자들의 병력을 살펴보면 진단하기 어려운 애매모호한 증상을 호소한 경우가 대부분이며 자기 병은 백약이 무효라고 확신하고 있는 경우가 태반입니다. 모든 일은 의심한 대로 이루어집니다. 노세보 효과는 수술 결과에도 영향을 미칩니다. 외과 의사들은 자기가 죽을지도 모른다고 믿는 환자들을 경계 대상으로 여깁니다. 어서 죽어 사랑하는 사람과 다시 만나고 싶다는 수술 환자들을 대상으로 한 연구 결과가 있습니다. 그들 거의가 정말 세상을 떠났습니다.

노세보 효과에 대한 연구가 극히 드문 것은 주로 윤리적인 이유 때문입니다. 의사가 건강한 사람을 병자로 만들어서는 안 된다는 것입니다. 그나마 윤리 기준의 변화로 고전적인 노세보 효과 실험마저 되풀이하기 힘들어졌습니다. 노세보 효과와 관련된 가장 최근의 의료 논평 기사는 2002년 아서 바스키 등이 발표했습니다(『미국의사협회보』, 287호, 622쪽).

_ 스티븐 레이치 미국, 위스콘신 주, 웨스트앨리스 부정적인 위약 효과도 있습니다. 가장 대표적인 사례가 흑마술을 비롯해 남에게 저주를 거는 여러 '마술적 사고'들입니다. 그런 주술적 행위들은 거의 예외 없이 일정한 절차를 거칩니다. 즉 저주의 표적이 된 대상에게 너는 저주에 걸렸다는 사실을 알립니다. 바로 그게 관건입니다. 알려야 저주가 먹힙니다. 그렇지 않다면 저주는 효과를 발휘하지도 못할 것입니다.

> 건강과 의학 | 전기 치통
>
> ## 치아 충전물에 은박지를 대면 왜 통증이 생기는 겁니까?
>
> 사이먼 오디 영국, 윌트셔 주, 멜크섬

_ 크리스 퀸 영국, 체셔 주, 위드너스 우연이겠지만 님의 질문은 1762년 루이지 갈바니가 최초로 한 유명한 실험과 내용이 정확히 일치합니다.

전도성 액체에 두 종류의 금속을 담그자 두 금속 사이에 전류가 흘러 신경을 흥분시키는 일이 반복적으로 일어났던 실험 말입니다.

그런 현상은 은박지가 아말감 충전물에 닿았을 경우에도 동일하게 재연됩니다. 침이 은박지와 충전물 틈새에 얇은 막을 형성합니다. 침은 다양한 염분이 용해된 전해질입니다. 따라서 이와 충전물 간에 전류가 흐르게 됩니다. 충전물이 치신경에 근접해 있다면 전류가 치신경을 자극해 통증을 유발합니다.

갈바니는 실험에서 개구리 다리와 금속 탐침을 사용했습니다. 그 결과는 님의 경우와 다르지 않았습니다. 개구리 다리가 꿈틀댄 것입니다.

건강과 의학 | **무릎의 일기예보**

저는 약 2년 전쯤 스키를 타다 무릎 인대를 다쳤습니다. 그런데 그 후로 이상한 현상이 벌어졌습니다. 무릎 상태로 '일기예보'를 할 수 있게 된 겁니다. 비가 내릴 것 같으면 늘 무릎에 통증이 생깁니다. 여름에도 그렇고 겨울에도 그렇습니다. 습도와는 아무런 상관이 없어 보입니다. 그런데 이런 말을 하는 사람이 저 하나만이 아닙니다. 비가 내릴라치면 제 무릎이 아파오는 것은 왜일까요? 더 의아한 것은 비가 내릴 것을 무릎이 도대체 어떻게 아느냐는 겁니다.

데비 리드 영국, 버킹엄셔 주, 챌폰트 세인트 자일즈

날씨와 통증의 연관관계를 연구한 결과는 매우 많습니다. 그런 사례는 특히 관절염을 앓고 있는 사람 중에 많습니다. 이를 토대로 보면 날씨와 통증은 실제로 상관관계가 있는 듯하지만 통증의 원인이 무엇인지에 관한 연구는 거의 이루어진 것이 없습니다. _ 편집자

_ **스티븐 볼링거** 미국, 텍사스 주, 내커도처스 인간의 몸은 젤라틴으로 가득 찬 풍선들이 막대기에 덩어리져 붙어 있는 것에 비유할 수 있습니다. 손상을 입지 않은 조직(예를 들면 지방, 근육, 뼈)은 비교적 탄력이 있어 기압의 변화에 따라 수축하기도 하고 팽창할 수도 있습니다. 하지만 상처를 입은 조직은 아주 뻑뻑하고 빳빳해서 일반적인 대기 압력의 변동 범위 안에서는 수축이나 팽창을 거의 하지 않습니다.

가상의 몸 안에 있는 풍선들이 접착제로 붙어 있고, 주위의 압력이 낮아졌다고 상상해봅시다. 그러면 풍선들은 팽창하면서 접착면(즉 상처 난 조직)이 늘어나고 그 결과 변형이 일어나면서 잡아당겨질 것입니다. 이런 일이 살아 있는 조직에서 일어난다면 신경이 자극되면서 그 즉시 통증이 생길 것입니다. 통증은 압력이 정상으로 돌아오거나 혹은 상처 부위가 늘어나 변형이 줄어들 때까지 계속됩니다. 아마도 짧으면 몇 시간, 길게는 며칠이 걸릴 것입니다.

나는 아침에 가끔 이런 말로 병원 직원들을 어리둥절하게 만들곤 합니다. "오늘은 환자가 많아서 아주 바쁠 것 같네요." 수술 부위나 혹은 예전에 다친 부위의 통증이 심해져서 병원을 찾는 환자가 이삼십 명쯤 되리라는 것을 내가 어떻게 아는지 직원들은 절대 모를 겁니다. 그들은 내게 뭔가 마술 같은 능력이 있다고 생각할지도 모릅니다. 사실은 신문에 난 일기예보를 보고 아는 것인데도 말입니다.

뜨거운 물이 담긴 욕조에 몸을 푹 담그거나 가벼운 운동을 하면 통증이 줄어들 수 있습니다. 날씨가 바뀔 때까지 기다리는 것도 한 방법일 것입니다. 이곳 텍사스 동부에서는 욕조에 물이 가득 차기 전에 통증이 이미 사라지는 일도 자주 생긴답니다.

_ 프랭크 옹 오스트레일리아, 시드니 날씨가 습해지면 관절염이 심해진다는 말이 근거 없는 낭설처럼 들리겠지만 1960년대 류머티즘 학자 조지프 홀랜더는 그같은 속설의 사실 여부를 확인하기 위해 기후 실험실을 만

듭니다. 그는 기상학적으로 비가 내리기 직전처럼 습도가 높고 기압이 낮으면 실제로 무릎이 뻣뻣해지면서 통증이 심해진다는 사실을 알아냈습니다.

한 설명에 따르면 날씨 변화 때문에 인대가 팽창되면 관절 부위의 신경을 자극해 통증이 생깁니다. 또 다른 설명에 따르면, 기압이 낮아지면 관절 내부의 공기가 팽창하는데 그럴 경우에도 역시 신경을 자극해 통증이 생기게 됩니다.

최근 일본 과학자들의 실험을 통해 기압 변화와 관련된 척추 통증이 진공 현상과 상관있다는 사실이 입증됐습니다. 즉 기압이 낮아지면 척추뼈들 사이에 기체가 발생한다는 것입니다(『척추질병치료학회보』, 제15호, 290쪽). 그같은 기포들은 척추뼈들 사이의 추간판(디스크)이 약화돼 발생하며 노인들에게서 특히 잘 발생합니다. 또한 여타 관절에서도 발생합니다. 무릎을 따뜻하고 건조하게 유지하면 통증을 피할 수 있습니다. 그리고 자, 이제 님께서는 주변 분들에게 더욱 믿음직한 지역 텔레비전 날씨 예보관으로 활동하실 수 있게 되신 겁니다.

_ 페테르 할라스 덴마크, 코펜하겐 무릎이 날씨를 알아맞히게 된 이유는 뼈가 상했기 때문입니다. 즉 다공성 해면골에 미세한 골절로 인한 출혈과 부종이 발생했기 때문입니다. 일부 연구에 따르면 그런 일은 무릎 인대가 손상된 경우에 특히 잘 일어납니다.

대기압의 변화가 뼈에 생긴 부종의 크기를 변화시켜 통증을 유발하지 않았나 합니다. 만약 그렇다면 두 가지 예측이 가능합니다. 첫째, 자기공명영상(MRI) 검사를 받아보시면 보나마나 뼈 부종이 발견될 겁니다. 둘째, 날씨 예보 능력도 부상이 치료됨에 따라 틀림없이 사라지실 겁니다.

시시콜콜 궁금증?

7. 지구와 우주

지구와 우주 | 북극의 현재 시각

북극은 몇 시입니까?

나이절 굿윈 영국, 노팅엄

**윌 홉킨스** 뉴질랜드, 오타고 대학교 두 가지 대답이 가능합니다. 첫째, 우리 일반인들에게 시간이란 24시간 단위로 반복되는 일정한 주기를 의미합니다. 우선적으로 그런 생리적 시간은 북극을 방문하기 전까지 우리가 살던 경도에서 경험하던 시간과 비슷할 것입니다. 물론 인간에게서 독립된 지역 시간이란 것이 엄연히 존재합니다. 님이 북극보다 더 높은 곳에도 살 수 있는 철학자가 아닌 한 말입니다.

따라서 둘째, 북극에서의 시간이란 낮(6개월 동안의 여름에는) 아니면 밤(6개월 동안의 겨울에는)입니다. 저는 춘분이나 추분 무렵에 북극에 있어본 적은 없습니다만 제가 상상하건대 그곳에서도 태양이 지평선 바로 아래에서 빛나며 동틀 녘인지 해질 녘인지 분간할 수 없는 상황이 몇 주에 걸쳐 일어날 것입니다.

**D. S. 파란시스** 스웨덴, 룰레아 공대 질문의 요지는 그런 것이 아닙니다. 만약 북극에서 태어나 평생을 살면서 그리니치나 도쿄 혹은 지구상의 다른 어떤 곳에 대해서도 들어본 적 없는 사람이라면 무엇을 기준으로 시간을 측정할 수 있겠느냐는 것입니다.

그것은 다음과 같은 방법으로 알아낼 수 있습니다. 북극이 캄캄한 주기에 들어서서 태양이 항상 지평선 아래쪽에 있다고 생각해봅시다. 수평판을 북극점에 고정시킨 후, 그 위에 원을 하나 그립니다. 그런 다음 원 안에 서로 수직인 지름을 두 개 긋습니다. 지름의 끝에 원을 따라 A, B, C, D라고 적습니다.

그러면 북극점에서 보이는 별들은 수평선과 평행한 평면들 안에서 회전하는 것처럼 보일 것입니다. 북극점에서의 수평선의 평면은 천구의 적도면과 일치합니다.

그런 다음 수평선상에 보이는 별을 하나 선택해 원의 중심(북극점)에서 보아 A점의 연장선 상이 이 별을 통과하는 순간을 0시라고 정의합니다. 마찬가지로 그 별이 B, C, D를 통과하는 순간이 각각 6시, 12시, 18시가 됩니다. 이제 나머지 시간을 나타내는 직선을 수평판 위에 긋는 일은 식은 죽 먹기입니다.

만약 제가 지금 (북극점에서) 이 작업을 해야만 한다면, 저는 오리온자리 중 세 개의 별을 후보로 선택할 것입니다. 왜냐하면 그것이 거의 정확히 천구의 적도상에서 반짝이기 때문입니다. 오리온자리의 그 세 별은 별들 중에 가장 밝고, 천구의 적도 바로 근처 아니면 바로 그 위에 있고 맨눈으로도 확실하게 볼 수 있습니다.

북극에서의 다음 문제는 항상 낮이어서 별이 전혀 보이지 않는 여름철에 시간을 어떻게 결정하는가일 것입니다.

시간선을 겨울에 이미 그어놓았으니, 이제는 태양이 수평선에 나타나는 시간을 기다려야만 합니다. 즉 북극에 봄이 찾아드는 모습이 보이는 바로 그 순간 판에 그 방향을 기록합니다. 그 순간이 기록된 시간선을 24시간 시스템에서 해가 뜨는 시간이라고 부르기로 합시다. 겨울의 별들과 마찬가지로, 태양도 수평선과 평행한 평면에서 회전할 것입니다. 하지만 우리가 기준으로 삼은 별이 항상 같은 평면 안에서 회전하는 것과는 달리 태양의 평면은 하루하루 높아져가 최종적으로는 수평선에서 23.5도인 최고 지점에 도달할 것입니다.

그런 다음 이제 서서히 낮아지기 시작해 우리가 처음 관찰한 날에서 6개월이 지나면 태양은 수평선 아래로 모습을 감출 것입니다.

_ 마이크 가이 영국, 케임브리지 질문이 잘못됐습니다. 시간은 장소와는 별개입니다. 런던이 그리니치표준시(GMT) 18시 정각이라면 북극도 그리니치표준시 18시 정각이고, 팀북투에서도, 저 멀리 달 표면에서도 마찬가지입니다.

그럼 사람들은 묻겠죠. "북극의 시간대는 어떻게 되느냐?" 그러나 그런 질문 역시 의미가 없습니다. 시간대란 정치적인 이유와 행정상의 편의를 위해 만들어진 것이지 지리적 기준에 따라 결정됐다고 보기는 어렵습니다. 공해상에 떠 있는 북극은 특정 시간대에 소속돼 있지 않습니다.

천문학적인 관점에서 자연적인 시간을 확정하려는 시도 역시 헛수고입니다. 태양이 정남에 위치할 때가 정오입니다. 그러나 북극에서는 태양이 항상 정남에 위치해 있습니다. 태양이 최고 고도에 도달한 때가 정오입니다. 그러나 북극에서는 본질적으로 태양이 항상 최고 고도에 도달해 있습니다. 하루 낮 시간을 반분한 것이 정오입니다. 그러나 북극에서는 6개월이 낮이고 6개월이 밤입니다.

_ **패트릭 휘태커** 영국, 미들섹스 주, 하운슬로 지구물리학적 관점에서, 시간이란 지구에 대한 태양의 위치 그리고 관측자의 위치에 의해 정의됩니다. 북극에서는 모든 방향이 다 남쪽이고 태양이 항상 남쪽에 위치하기 때문에 북극의 시간이 몇 시이건 상관없이 그 시각은 항상 같은 시간입니다.

북극은 몇 시인가? 국제날짜변경선은 북극을 관통합니다. 따라서 북극은 영원히 오늘과 내일 사이에 머물러 있습니다. 달리 말해 북극은 항상 자정입니다.

이제 산타크로스 할아버지가 어떻게 단 하룻밤 만에 전 세계에 있는 착한 소년소녀들에게 선물을 전달할 수 있는지 의문이 풀립니다.

동굴에서 나온 그가 정남 방향으로 출발해(북극에서는 어느 쪽을 향해도 정남쪽입니다) 썰매에 실은 선물들을 다 나눠준 다음 집으로 돌아와도 시간은 여전히 출발했을 때의 그 시간입니다. 따라서 그는 또 다시 선물을 뿌리고 돌아오기를 계속하는 것입니다.

_ **폴 버철** 영국, 더비셔 주, 미켈로버 북극은 정치인들의 진정한 영적 고향일 수도

있겠습니다. "지금이 몇 시입니까?"라는 물음에 대해서 아무런 양심의 가책 없이 "지금이 몇 시였으면 좋겠습니까?"라고 대꾸할 수 있을 테니 말입니다.

> **지구와 우주 | 원자의 윤회**
>
> (제가 읽은 1960년도 어린이 과학책에 의하면) 우리가 마시는 물이나 공기가 레오나르도 다빈치가 마셨던 물 원자와 공기 원자를 다시 마시는 셈이라던데, 그게 정말인가요?
>
> **스티브 물린** 오스트레일리아, 뉴사우스웨일스 주, 웬트위스폴스

_ 피터 버로우스 영국, 에식스 주, 이핑 실제로 우리가 들이마시는 공기 분자의 상당수는 레오나르도 다빈치, 불행히도 아돌프 히틀러 그리고 다른 모든 이들의 폐에 들어갔다 나온 분자들입니다. 계산은 그리 어렵지 않으며 다음과 같습니다.

지구 대기의 총질량은 약 5×10^{21} 그램입니다. 공기를 질소 분자와 산소 분자가 약 4 대 1 비율로 섞인 혼합물이라고 가정하면, 공기 1몰의 질량은 약 28.8그램입니다. 어떤 물질이든 1몰 속에는 6×10^{23} 개의 분자를 포함합니다. 따라서 지구 대기 속에는 1.04×10^{44} 개의 분자가 존재합니다.

우리의 체온과 대기압 조건에서는 어떤 기체든 1몰의 부피는 25.4리터입니다. 인간은 평균적으로 호흡과정에서 1리터 부피의 공기를 들이마시거나 내쉽니다. 따라서 우리는 레오나르도 다빈치가 1회당 2.4×10^{22} 개의 분자를 내쉬었다고 가정할 수 있습니다.

인간은 평균적으로 어림잡아 분당 25회 호흡을 하므로 67년

(1452~1519)을 살다 죽은 다빈치는 대략 2.1×10^{31}개의 분자를 내뱉었습니다. 따라서 대기 중에는 5×10^{12}개당 약 1개꼴로 다빈치가 내뱉은 분자가 존재하는 셈입니다.

그러나 우리는 호흡을 할 때마다 약 2.4×10^{22}개의 분자를 들이마시므로 다빈치가 내뱉은 약 4.9×10^9개의 분자를 다시 들이마실 확률이 매우 높습니다. 실제로 우리는 그가 죽는 순간 마지막으로 내쉰 분자를 다섯 개 정도 들이마신다는 사실도 이와 유사한 방식으로 계산할 수 있습니다.

물론 상당 부분 너무 거친 가정에 기초해 도달한 결론이기는 합니다. 우리는 다빈치가 호흡했던 공기 분자들이 (얼추 500년 동안) 대기 중에 다른 공기 분자와 사이좋게 잘 섞여 있고, 한 번 호흡했던 분자는 그가 절대로 다시 호흡하지 않았으며, 후대의 사용자들이나 연소, 질소 고정 등에 의해 단 한 알갱이도 사라지지 않았다고 가정합니다. 물론 우리의 가정과는 달리 상당한 양의 분자가 사라질 여지는 있지요. 하지만 이러한 계산 결과를 완전히 허물 정도는 되지 않습니다.

지구의 수권에 존재하는 5.7×10^{46}개의 물 분자 개수를 토대로 우리는 물에 대해서도 비슷한 결론에 도달합니다. 그렇습니다. 한 모금의 물속에는 다빈치가 평생 동안 소비한 18×10^6개의 물 분자가 들어 있습니다. 우리는 다빈치의 공기를 들이마실 뿐만 아니라 한 잔의 물을 통해 그가 배출한 소변의 일부를 마실 확률 또한 높은 것입니다.

_ 글렌 알렉산더 <u>오스트레일리아, 뉴사우스웨일스 주, 울런공</u> 질량 보존의 법칙에 따라 원자는 우주 속에서 영구히 재순환될 수밖에 없습니다. 중력에 의해 지구상에 존재하는 원자들 대부분은 변함없이 지구상에 머물 수밖에 없습니다. 공기 중에 떠다니는 일부 원자들을 다빈치가 들이마신다 해도 대기 중에 존재하는 전체 원자수와 비교한다면 그 양은 매우 적거나 극히 미미합니다.

그러나 가령 공룡들이 지구상을 거닐던 시대처럼 장구한 세월이 경과한다면 우리가 매순간 호흡하는 공기 속에는 공룡들의 일부를 이루던 원자들도 적잖게 포함될 것이며 우리가 먹는 사과 속에는 한 동물, 심지어 한 인간의 일부였던 원자들도 다수 함유될 것입니다. 채식주의자 분들께는 어느 것 하나 과히 반갑지 않은 소식이겠군요.

_ 라시 이바리넹 ^{프랑스, 르베지네} 동종요법에 대해 생각할 거리를 제공하는 질문이로군요. 한 잔의 물속에, 우리가 앓을지도 모를 모든 질병을 효과적으로 퇴치할 동종요법용 분자가 조금씩은 포함돼 있을 가능성이 매우 높다는 뜻 아니겠습니까. 더군다나 공짜로!

> **지구와 우주 | 춤추는 시계바늘**
>
> 하루 중 해가 떠 있는 시간은 오전보다 오후가 더 깁니다. 특히 여름에는 더 그렇습니다. 이것은 정오가 잘못 정해졌다는 뜻 아닌가요?
>
> **딘 셔윈** 영국, 버크셔 주, 레딩

_ 데이비드 에디 오스트레일리아, 웨스턴오스트레일리아 주, 퍼스 정오는 그 시각에 태양이 지방자오선을 통과한다는 의미입니다. 지방자오선은 북극과 남극을 잇는 가상의 실선으로 적도와 90도 각도로 교차합니다. 우리가 시계를 태양의 지방자오선 통과 시각에 맞춘다면 정오를 기준으로 오전과 오후의 해 길이는 대등해집니다.

그러나 그런 방식을 따른다고 해서 우리가 동쪽이나 서쪽으로 조금만 이동해도 시계를 다시 맞춰야 한다는 뜻은 아닙니다. 그같은 혼란을 막기 위해 우리는 시간대라는 것을 도입해 실제 자오선에 상관없이 일정 지역 내에서는 동일한 시간을 쓰기로 한 것입니다. 시간대란 기본적으로 15도 간격을 갖습니다만 실제로는 정치적, 지리적, 현실적 고려에 의해 크기와 모양이 다양합니다. 그렇게 기형적으로 변형된 시간대의 외곽지역에 사는 사람들이라면 자기 시간대의 시간이 지방자오선과 얼마나 어긋나는가를 실감할 수 있을 것입니다.

_ 키이스 앤더슨 오스트레일리아, 태즈메이니아 주, 킹스턴 시간대라는 개념이 도입된 배경에는 미국 철도교통 체계의 발전이 큰 몫을 차지합니다. 미국은 동서 방향의 길이가 압도적으로 긴 나라입니다. 철도가 등장하기 전만 해도 대부분의 도시들은 지역시간에 따랐기 때문에 시계의 정오도 태양 운동에 따라 정해졌습니다. 그런데 철도가 도시들을 빠르게 누비기 시작하면서 지역마다 시간이 다르면 열차시간표를 제대로 만들 수가 없기 때문에 시간대가 도입된 것입니다.

_ 데이비드 르 콩트 건지 섬 천문학협회 영국 표준시의 기준은 그리니치 자오선입니다. 질문자가 거주하는 레딩의 위도는 그리니치와 거의 동일합니다만 레딩의 경도는 서경 1도입니다. 따라서 일출과 정오와 일몰이 그리니치보다 약 4분 늦고 현지 시간도 영국 표준시계보다 4분 늦어집니다.

그것은 레딩에서는 정오 이후의 해 길이가 시계를 통해서도 확인되듯 정오 이전의 해 길이보다 평균적으로 더 길다는 것을 의미합니다. 그리니치 자오선 동쪽에서는 오후 해 시간이 평균적으로 오전 해 시간보다 짧습니다. 그리니치에서 오전과 오후 해 시간의 길이는 일 년 평균값이 0입니다.

어떤 날의 오전과 오후 해 시간의 길이는 해당 지역의 위도와 경도뿐만 아니라 균시차에 의해서도 결정됩니다. 균시차란 우리가 시계를 맞추는 평균 태양시와 실제 태양시 간의 시차를 의미합니다. 그같은 차이는 태양을 도는 지구의 이심률 그리고 공전 궤도면에 대한 지구

회전축의 기울기에서 비롯됩니다. 연중 변화하는 균시차의 최소값은 14분이며 최대값은 16분입니다. 태양 그림자를 보고 계산하는 시간과 시계가 가리키는 시간이 어긋나는 것도 주로 그런 이유 때문입니다. 그리고 황도를 1년 주기로 도는 태양의 움직임의 일정 부분에 의해 오전과 오후 사이에 약간의 차이가 생깁니다. 그런 두 가지 원인이 합쳐져 레딩에서는 오전과 오후 해 시간 길이가 30분이나 차이 나는 일이 벌어지는 것입니다.

그렇다고 해서 정오를 잘못 정했다는 뜻은 아닙니다. 다만 표준시 체계는 의사소통에 필수적인 단순함과 통일성을 도모하기 위한 수단으로 태양의 복잡한 겉보기 운동과 정확히 부합할 필요는 없다는 사실을 말씀드리고 싶습니다.

몇 달간의 서머타임(일광절약시간) 기간 중 영국의 오후 해 시간은 더 길어지고 오전 해 시간은 더 짧아지게 됩니다. 시계 바늘을 일부러 한 시간씩 앞당기는 데 따른 당연한 결과죠.

_ 나이절 휘틀리 영국, 런던 그리니치표준시로 정오란 그리니치 자오선 상에서만 성립하는 하루 해 길이의 중간점일 뿐입니다. 그리니치 서쪽의 레딩 같은 곳에 계시다면 태양이 늦게 떠서 늦게 지므로 그리니치표준시 1200시가 일출과 일몰의 중간점보다 앞서게 됩니다. 태양은 24시간이면 360도를 회전하고 1시간이면 15도를 이동합니다. 따라서 제가 글을 쓰고 있는 북런던(서경 0도 10분)의 정오는 그리니치표준시

1200보다 24초 빠르지만 제가 만일 스완시(서경 3도 56분)에 있다면 정오는 그리니치표준시 1200보다 거의 16분이나 빠르게 됩니다.

중부 유럽의 윈터타임 시기와 비교해보면 그리니치표준시 1200시는 베를린(동경 13도 30분)의 정오보다 6분 빠르지만 파리(동경 2도 15분)의 정오보다는 50분 이상 빠릅니다.

가장 극단적인 사례가 포르투갈의 리스본(서경 9도)입니다. 중부 유럽 표준시(CET)에 따르는 그곳은 여름철에 접어들면 그리니치가 12시일 때 이제 겨우 아침 9시 30분을 맞이합니다.

> **지구와 우주 | 지난여름 바닷가 이야기**
>
> 글렌브룩 유치원에서 바닷가로 여름 소풍을 갔었어요. 정말 신나는 소풍이었어요. 그런데 바닷물이 왜 짠지 궁금해졌어요. 그 이유를 알려주세요. 우리 엄마도 모르겠대요.
>
> 존 코놀리 영국, 런던

_ 잭 케이브 린치(9세) 뉴질랜드, 웰링턴

바닷물이 짠 이유는 강물이 바다로 흘러가면서 땅에서 소금하고 여러 가지 광물들을 씻어가서 그래요. 소금은 강물에 녹고 강물은 바다로 흘러가죠. 태양이 바닷물에서 물을 증발시켜 구름을 만들면 소금하고 광물들이 남잖아요. 그래서 강물이나 호수는 안 그런데 바닷물은 짠 거예요.

_ 레이 히턴 영국, 웨스트미들랜즈 주, 솔리헐

소년 존 코놀리는 영특하기도 하지
왜냐고 물으면서 궁금해했지
소금 맛 바닷물이 정말로 재미있다면서
태양과 파도에 몸을 던지면서
수도꼭지에서 나오는 물과 다르다고
생수마개에서 나오는 물과도 다르다고
그렇게 소년은 배웠다네 바다와 소금을

차에 설탕 섞어넣기와 다를 바 없음을
수많은 종류의 소금들이
짠 바닷물에 녹아들었듯이
식탁 위에 소금, 염화나트륨의
단짝 동무들인
염화칼륨, 염화마그네슘 그리고 요오드화물
모두 녹아 있는 소금용액 밀물과 썰물
그러니 이제 영리한 어린이 존 코놀리
냉큼 달려가 엄마랑 아빠께 알려드리리!

> **지구와 우주 | 태양계 밖으로 날아간 우주선**
>
> 행성 간 우주선을 가속시킬 때 이용된다는 이른바 '새총 효과'라는 것이 대체 무엇인가요? 틀림없이 행성의 인력을 이용하는 것 같기는 한데, 제 짧은 물리학 지식에 의하면 어떤 물체에 접근해 얻은 운동에너지는 그 물체를 떠나는 과정에서 잠재적 에너지로서 상실됩니다. 우주선이 어떻게 행성으로부터 에너지를 얻을 수 있다는 거죠?
>
> **데이비드 베이츠** 영국, 케임브리지셔 주, 엘리

_ 마이크 브라운 영국, 체셔 주, 너츠퍼드 보이저 호가 '새총 효과'를 이용한다는 이야기를 처음 들었을 때 저 역시 질문자와 똑같은 의문을 품었습니다. 단순히 정지해 있는 중력장을 탐사선이 통과하는 것만으로는 에너지 면에서 어떤 실익도 얻지 못할 것이 뻔했기 때문입니다.

그러나 목성과 목성의 중력장은 태양 둘레를 초속 1300미터의 속도로 움직입니다. 목성의 뒤편을 통과하는 우주선은 마치 파도를 타고 윈드서핑을 하듯, 움직이는 중력장에 의해 가속됩니다. 에너지는 중력장이 아니라 움직이는 목성의 운동에너지에서 발생합니다. 공전 궤도에 끼어든 작디작은 질량의 물체로 인해 목성의 속도는 느려지고 그 결과 목성은 미세하지만 태양 쪽으로 가까워집니다.

태양 쪽으로 가까워진 목성의 속도는 빨라집니다. 결국 느려졌기

때문에 빨라졌다는 역설이 성립하는 셈입니다. 태양 쪽으로 목성이 움직인 이동거리는 (대략 양자 하나의 지름에 해당하는) 10^{-15}미터이며 그 과정에서 목성은 416메가줄의 에너지를 발생시킵니다.

> **지구와 우주 | 왜 바닷물은 양쪽에서 난리야**
>
> 제발 좀 복잡하지 않게 상식적인 용어를 사용해서, 만조가 지구 양편에서 동시에 발생하는 이유를 설명해주실 분 계세요?
>
> – 팻 쉴 오스트레일리아, 뉴사우스웨일스 주, 시드니

_ D. S. 파란시스 스웨덴 룰레아 공대 지구물리학과 밀물과 썰물의 원인을 생각할 때는 지구의 자전은 잊으시고 달과 지구의 회전 시스템에 대해서만 생각해야 합니다.

이러한 회전은 달-지구 시스템의 공통 중력중심에서 일어납니다. 중력중심은 지구중심과 지표면의 거의 중간쯤에 위치합니다. 이러한 회전은 지구중심에서 중력중심까지의 거리와 동일한 반경의 원을 그리는 지구 내부와 모든 지표면에서 일어납니다.

따라서 같은 크기의 원심력이 모든 지점에 걸리며 방향도 똑같습니다. 그 방향은 지구와 달의 중심을 연결하는 선에 평행하게 달까지 이어집니다. 이 원심력은 지구의 자전 때문에 생기는 힘과는 확연히 다른 것입니다. (여기서는 자전 때문에 생기는 힘은 무시하기로 합니다.)

지구의 모든 지점에는 달 쪽으로 잡아당겨지는 중력이 작용합니다. 그리고 그 힘의 방향은 지구의 지점마다 다릅니다. 이 두 힘이 합쳐져 밀물과 썰물을 일으키는 힘을 만들어내는 것입니다.

이제 지구 표면에 있는 두 지점을 머릿속에 그려보십시오. 한 곳은

달에서 가장 가까운 곳이고, 다른 한 곳은 가장 먼 곳입니다. 가까운 지점에 걸리는 달의 중력은 달에서부터 벗어나려는 원심력보다 큽니다. 지구의 직경만큼 멀리 떨어진 다른 한 지점에 걸리는 달의 중력은 원심력보다 작아지고 그 결과 그곳에 있는 바닷물에는 달로부터 멀어지려는 힘이 작용하게 됩니다.

가장 일반적인 설명에 따르면 지구의 서로 반대 지역에서 조석이 동시에 발생하는 것은 달이 가까운 지점의 바닷물을 끌어당기면서 동시에 지구 자체도 약간은 잡아당기기 때문이라는 것입니다. 하지만 이러한 설명은 그런 시스템이 왜 지구와 달 사이의 상호 인력에 의해 깔끔하게 상쇄되지 않는지에 대한 의문에는 분명하게 답을 하지 못합니다.

_그렉 이건 웨스턴오스트레일리아 주, 퍼스 다른 천체의 영향을 배제한다면 달의 무게중심과 지구의 무게중심은 서로 상대방을 향해 자유낙하합니다. 따라서 달과 지구는 공통의 무게중심을 축으로 상호 회전하는 것입니다. 그같은 무게중심점에서 중력과 원심 가속도는 정확히 상쇄됩니다. 단 지표의 대부분에서는 이 상쇄 현상이 정확하게 일어나지 않습니다. 왜냐하면 여러분이 있는 자리가 달에서 가까운 곳에 있건 먼 곳에 있건 여러분은 여전히 지구의 중력중심과 똑같은 속도로 회전하고 있기 때문입니다.

지구의 한쪽 면이 달을 향했을 경우에는 달의 인력이 원심력보다 우세해져 바닷물이 달 쪽으로 쏠립니다. 지구의 반대편에서는 원심력이 우세해져 바닷물이 바깥쪽으로 쏠립니다. 그같은 바닷물의 쏠림 현상이 바로 만조인 것입니다.

그 결과, 안 그랬다면 구형을 이루었을 해수면이 달과 지구를 잇는 축을 따라 길게 늘어난 타원형을 이루는 것입니다. 그리고 지구상의 어떤 지점이건 팽창한 부분의 안과 밖의 방향으로 회전함에 따라 그 지점의 조석은 밀물이 될 수도 있고 썰물이 될 수도 있는 것이죠.

_ 마크 버티넷 _{영국, 체스터 주} 지구의 양쪽 맞은편에서 만조가 동시에 일어나는 이유는 중력과 원심력의 불균형 때문입니다. 밀물과 썰물은 달과 지구의 중력이 상호작용해 일어나는 결과로, 지구와 태양의 상호작용은 결정적 요인이 아닙니다.

우리는 달이 지구를 회전한다고 생각하지만 사실 달과 지구는 공통의 무게중심을 축으로 상호 회전하고 있으며, 공통 중심은 지구의 중심과 정확히 일치하지 않습니다. 달과 지구의 상호 회전으로 발생하는 원심력은 상대방을 잡아당기는 인력과 균형을 이룹니다.

그리고 바로 그 균형점이 두 천체의 중심과 정확히 일치합니다. 달과 가장 가까운 지구의 한쪽 면에서는 상대적으로 달의 인력은 강해지는 반면 원심력은 지구 중심에서보다 다소 약해집니다. 그 결과 달의 인력에 의해 만조가 일어나는 것입니다. 한편 지구의 맞은쪽 면에서는 상대적으로 달의 인력은 약해지는 반면 원심력은 강해져서 바닷물이 원심력에 의해 밀려나 만조를 이루게 됩니다.

> **지구와 우주 | 누가 더 많을까**
>
> 미국의 음악가 로리 앤더슨이 어느 노래의 후렴구에서 말하길 "그러므로 이제 살아 있는 사람의 숫자가 죽은 사람보다 많다네."라고 했던데, 그게 사실인가요? 만약 사실이라면 언제 그렇게 됐나요? 만약 아니라면 언제쯤 그렇게 될까요? 역사 기록 이전의 인구를 계산할 방법이 있긴 있는 건가요?
>
> **존 우들리** 프랑스, 툴루즈

**로저 대처** 영국, 서리 주, 뉴메이든 국제통계협회에서 발표한 수치자료들을 토대로 답변하자면 다음과 같습니다. 세계 인구가 현 추세대로 계속 증가하고, 평균수명이 늘어나고 있다는 점을 고려하면 살아 있는 사람들의 숫자가 죽은 사람들의 숫자보다 더 많아질 수도 있다는 것은 사실입니다.

그러나 그런 일은 아직 현실화되지 않았습니다. 과거 상당기간 동안 세계 인구는 거의 증가한 적이 없었던 반면 죽은 사람들의 숫자는 꾸준히 축적됐습니다. 역사시대 동안의 인구 숫자에 대한 정보는 로마와 중국에서 실시한 인구조사를 비롯해 놀랄 만큼 풍부합니다.

역사시대 이전에 대해서는 농경지역과 수렵지역을 나누어 그같은 식량 생산방식으로 부양 가능한 에이커당 인구수를 계산해 전체 인구수를 추정합니다. J. N. 비라방이 종합한 추정치에 따르면 기원전 4만 년 세계 인구는 약 50만 명이었습니다. 그러던 인구가 우여곡절을 거치며 성장한 끝에 기원후 첫 천년 기간에는 2억 명에서 3억 명에 이르렀으며, 19세기 초에는 10억 명에 도달했습니다.

인구수에 예상 사망률을 곱했을 경우, 기원전 4만 년에서 현재까지 총 사망자 수는 어림잡아도 대략 600억 명에 맞먹는다는 사실을 알 수 있습니다. 현재 세계 인구는 기껏해야 60억 명 수준에서 맴돌고 있습니다. 비록 이러한 역사적인 추정치가 매우 정확하다고 단언할 수는 없을지라도 죽은 자의 숫자가 산 자들의 숫자보다 압도적으로 우세하다는 결론에 영향을 미칠 만큼 결정적인 계산상의 잘못은 거의 발견하기 힘듭니다. 그같은 상황은 현재진행형이며 불확실한 미래에도 여전히 계속될 현실이기도 할 것입니다.

_ G. L. 파파조르지우 영국, 레스터 에덴동산에서는 산 사람 숫자(2명)가 죽은 사람 숫자(0명)보다 많았습니다.

_ 샤피 아메드 영국, 런던 인도의 서사시 《마하바라타》에서 지하세계의 수장이자 심판관인 야마(염라) 신은 판다라 형제의 맏형 유디스트라에게 그의 지식과 추리력과 정직함을 시험하기 위해 여러 질문을 던지는데 그중에는 님께서 물으신 질문도 포함되어 있습니다.

야마 신이 황새로 변신해 지키던 연못물을 마신 유디스트라의 네 형제들은 단 한 가지의 질문도 알아맞히지 못하고 맞아죽습니다. 황새 야마 신은 묻습니다. "산 자와 죽은 자 중 어느 쪽의 숫자가 더 많으냐?" 유디스트라는 대답합니다. "산 자들이 더 많습니다. 죽은 자들은 이미 죽고 없습니다."

그 대답을 비롯해 나머지 대답들도 모두 옳다고 인정한 야마 신은 역시 내 아들은 다르다고 대단히 기뻐하며 유디스트라를 축복했을 뿐만 아니라 나머지 형제들도 다시 살려줍니다.

> **지구와 우주 | 하얀 지붕 효과**
>
> 건물 지붕을 흰색 페인트로 칠하면 북극의 빙모(얼음모자)처럼 햇빛을 반사시켜 온실효과의 영향력을 줄일 수 있을까요? 눈처럼 햇빛을 반사시키는 성질을 지닌 페인트는 없나요?
>
> — 폴 놀란 영국, 체셔 주, 워링턴

마이크 팔로우스 영국, 웨스트미들랜즈 주, 윌렌할 흰색 지붕은 햇빛을 더 잘 반사시킬 것이므로 지구온난화에 맞대응할 만합니다. 미국 뉴욕의 콜롬비아 대학교 지구연구소에서 진행한 지구 전원도시화 추진 프로젝트(GRUMP)에 따르면 지구 지표면적의 약 3퍼센트를 건물이 차지합니다.

지구의 태양광 반사율은 0.29입니다. 즉 지구에 도달하는 햇빛의 29퍼센트는 다시 반사됩니다. 반사율 0.1의 마을은 지구 평균보다 더 많은 햇빛을 흡수합니다. 모든 건물 지붕에 흰색 칠을 한다면 지구의 태양광 반사율은 0.29에서 0.30으로 가뿐하게 상승합니다. 극도로 단순화시킨 '0차원' 지구 모형에 따르면 그럴 경우 지구의 온도는 섭씨 1도 이상 떨어집니다. 산업혁명 이후 발생한 지구온난화 정도가 거의 정확히 상쇄되는 것입니다. 그러나 0차원 모형에는 대기와, 결정적으로 구름의 역할이 배제돼 있습니다. 더욱 정교한 모델에 의해 비슷한 규모의 냉각 효과가 확인된다면 흥미롭지 않을까 합니다.

_ 마이크 헐름 영국, 노위치 지붕을 더 효과적으로 이용하는 방법은 광기전력 타일을 붙여 작은 발전소를 만드는 것입니다. 그러면 우리가 복잡하고 섬세한 지구 기후 체계를 교란시킨다는 사실도 인식 못하고 배출 중인 화석탄소의 상당 부분을 대체할 수 있습니다. 막연한 치료보다는 확실한 예방이 훨씬 나은 법입니다.

지구와 우주 | 별은 밝음 속에 사라지고

> 태양은 에너지를 방출함에 따라 질량도 줄어들고 중력도 약해질 것입니다. 행성들은 조금씩 바깥으로 나선형을 그리며 태양으로부터 멀어지는 중인가요? 만약 그렇다면 그 정도는 얼마나 됩니까? 그리고 태양은 언제쯤 적색거성이 됩니까? 지구는 얼마나 멀어질까요?
>
> **마이크 갠리** 오스트레일리아, 태즈메이니아 주, 펀트리

_ **C. 시바람** 인도, 방갈로르, 코라만갈라, 인도천체물리학연구소

태양은 열핵반응을 통해 에너지를 생산하는 과정에서 초당 400만 톤의 질량을 소비합니다. 또 다른 수백만 톤의 질량은 태양풍을 비롯한 여러 형태의 입자 방출로 소비됩니다. 그러나 앞으로 20억 년이 흘러도 그 같은 손실분은 태양 전체 질량의 1만분의 1에 불과합니다. 따라서 지구와 태양 사이의 거리도 동일한 비율 정도밖에는 변화하지 않을 것입니다.

앞으로 60억 년 후 마침내 태양이 적색거성이 됐을 경우 상황은 돌변합니다. 태양의 반지름은 현재 치수의 100배로 불어납니다. 최근의 추정치에 따르면 적색거성 단계에 도달한 태양은 수성과 금성과 지구는 집어삼키겠지만 화성보다 먼 행성들은 계속 존재하며 태양이 백색왜성이 된 다음에도 여전히 태양 주위를 공전합니다.

백색왜성 단계에 도달한 태양의 최종 질량은 현재의 10분의 6 정도

일 것으로 추정되며 아득한 미래에 이르러 행성들의 공전 궤도의 크기는 지금보다 80퍼센트 정도 늘어나리라 예상됩니다. 그 이유는 이미 질문자께서 말씀해주셨습니다.

_ 마이크 팔로우스 영국, 웨스트미들랜즈 주, 윌렌할 놀랍게도 태양은 초당 400만 톤에 달하는 질량을 순수한 에너지로 전환하는데도 그같은 수소 연소과정을 적색거성이 될 때까지 앞으로 수십억 년에 걸쳐 지속할 수 있을 뿐더러 그때에 이르러서도 현재 질량의 극히 일부만을 손실할 따름입니다. 지구가 자신의 각 운동량을 유지하기 위해서는 일 년에 약 1센티미터씩 공전궤도의 반지름을 늘여야만 할 것입니다.

그러나 그 정도 대응만으로는 점점 더 증가하는 태양의 광도로부터 자신을 보호하기 어렵습니다. 따라서 지구는 자신의 이웃 천체가 걸어간 길을 되밟을 수밖에 없습니다. 즉 금성과 같이 천연 온실효과의 폭주에 몸을 내맡길 수밖에 없을 것입니다. 인간의 활동에 의해 그런 상태가 먼저 일어나지 않는다면 말입니다.

지구와 우주 | 눈이 부시게 푸르른 날은

하늘은 (맑은 날) 왜 파란색입니까?

재스퍼 그레이엄 존스 영국, 햄프셔 주, 사우샘프턴

릭 이러호 영국, 웨스트요크셔 주, 클렉히턴 하늘이 파란 이유는 레일리 산란이라 불리는 효과 때문입니다. 즉 태양빛이 공기 중의 분자와 충돌해 모든 방향으로 어지럽게 흩어지기 때문입니다. 산란 정도는 주파수 즉 빛의 색깔에 의해 극적으로 변화합니다. 주파수가 높은 파란빛은 주파수가 낮은 붉은빛에 비해 열 배나 잘 산란됩니다. 따라서 우리가 하늘에서 보는 바탕색으로서의 산란된 빛은 파란색인 것입니다. 같은 원리로 해질녘의 아름다운 붉은 빛깔도 설명할 수 있습니다. 태양이 지평선으로 낮아지면 그 빛은 두터운 대기를 통과해야만 우리 눈에 도달합니다. 통과 과정에서 파란빛은 흩어져 날아가지만 붉은빛은 여간해선 산란되지 않으므로 우리 눈을 향해 계속 직진할 수 있습니다.

D. 로버츠 영국, 사우스요크셔 주, 셰필드 대학교 물리학과 하늘이 파란 이유는 레일리 산란이라는 효과 때문입니다. 고전물리학에 따르면 가속 충전은 전자기를 방사한다고 합니다. 반대로 전자기적 방출은 하전된 입자와 상호작용을 일으켜 입자들을 진동시킵니다. 진동하는 전하는 지속적으로 가속

되고 그 결과 전자파를 재방사합니다. 우리는 이것을 방사의 2차 공급원이라고 부릅니다. 이 효과는 방사에너지의 산란이라고 알려져 있습니다.

대기는 다양한 기체로 이루어져 있습니다. 우리는 공기 분자 하나하나를 전자 진동자로 다룰 수도 있습니다. 그러면 각 분자에서 전자의 전하 배분은 입사방사선에 단면으로 흩뿌려진 상태로 나타납니다. 산란하는 방사량은 이러한 단면적의 크기에 의해 결정됩니다. 레일리 산란에 의하면 단면적은 입사방사선 주파수의 4제곱에 비례합니다. 태양광은 낮은 주파수(붉은빛)에서 높은 주파수(파란빛)까지 다양한 가시주파수로 구성돼 있습니다. 다른 가시주파수에 비해 높은 주파수를 갖는 태양스펙트럼의 파란색 영역은 더 강렬하게 산란됩니다. 그렇게 산란된 빛이 우리 눈에 도달해 하늘은 파란색을 띠는 것입니다.

이에 덧붙여 우리는 왜 일몰은 붉은빛을 띠는지도 설명할 수 있습니다. 태양이 지평선에 가까워지면 그 빛은 더 많은 대기를 통과해야만 합니다. 파란빛은 강렬하게 산란되는 반면 붉은빛은 낮은 주파수로 인해 과도하게 산란되지 않습니다. 따라서 관측자를 향해 직행할 수 있습니다.

지구와 우주 | 중국 퍼즐

중국의 만리장성은 우주에서 볼 수 있는 유일한 인공물이라고 합니다. 상공에서 물체를 보려면 우리 눈이 물체를 2차원으로 인식할 수 있어야만 합니다. 중국의 만리장성은 엄청나게 길지만 폭은 매우 좁습니다. 만약 사람의 눈이 우주에서 만리장성의 폭을 인식할 수 있다면 다른 많은 유명한 유적들, 예를 들면 케호프 대피라미드 같은 것들도 전체 면적 면에서는 훨씬 작더라도 2차원으로 인식하기에는 충분할 정도로 클 것입니다. 2차원으로 더 작은 물체들을 인식할 때 눈은 더 큰 물체의 크기에 영향을 받는 것일까요? (만약 그렇다면 이유는?) 아니면 만리장성에 관한 그런 주장이 잘못된 것일까요?

A. R. 맥디어메이드 고튼 영국, 체셔 주, 세일

_ D. 피스크 영국, 서퍽 주, 입스위치 그러한 주장은 많은 사람들이 믿고 있지만 사실은 잘못된 전설 중 하나입니다. 아마도 레밍의 집단자살 사건 다음쯤 될 것 같네요.

완벽한 시력의 소유자라면 망원경 없이도 60분의 1 정도의 각도까지 인식할 수 있습니다. 만리장성의 폭은 약 6미터입니다. 이 정도는 에베레스트 산 높이의 두 배, 즉 20킬로미터 정도의 고도에서도 직접 보이지 않습니다. 그림자를 계산에 넣는다고 해도 기껏해야 고도 60킬로미터 정도에서나 겨우 보일 것입니다. 게다가 우주선의 궤도는 대기 인력 때문에 그보다도 훨씬 높은 곳에 있을 수밖에 없습니다.

하지만 지구 밖 우주에서도 보이는 인공물은 많이 있습니다. 가장 큰 것은 네덜란드의 간척지대입니다. 그리고 만약 밤이라면 밝은 가로등 불빛 때문에 도시들도 보입니다.

_로버트 브라운 영국, 레스터셔 주, 애쉬비드라주크 인간의 눈은 길이가 짧은 물체보다 긴 물체를 인식하기가 훨씬 더 쉽기 때문에 중국의 만리장성이 달에서 볼 수 있는 물체를 꼽을 때 확실한 후보가 될 자격이 있을 수도 있습니다. 하지만 만리장성도 무너져 내린 곳이 있어 지상에서도 제대로 보이지 않는 곳이 꽤 있으므로 우주라면 문제 삼을 일이 되지 못합니다.

사진 전문가이자 뛰어난 천문학자인 H. J. P. 아널드가 이 문제를 연구한 후 내린 결론은 달에서 만리장성을 보는 것은 불가능하다는 것이었습니다. 아폴로 11호의 닐 암스트롱도 달에서 만리장성을 눈으로 보는 것은 불가능하다고 단언했습니다. 아폴로 8호와 13호의 우주비행사인 동료 짐 로벨 역시 세밀하게 관찰한 후 그것이 말도 안 되는 터무니없는 주장이라고 말했습니다. 아폴로 15호의 짐 어윈도 말도 안 되는 일이라고 했습니다.

무인탐사선에서 찍은 사진들에서도 만리장성이 지나가는 곳은 바람이 불어오는 쪽에서 날려 흩어지는 모래로 때때로 식별은 가능하지만 장성 자체는 보이지 않습니다. 결론은 어쩌면 지금까지 그랬듯 여전히 전설 그대로인 것 같습니다.

시시콜콜 궁금증?

> 8. 날씨의 비밀

> 날씨의 비밀 | 빛을 먹는 구름
>
> 비가 내리거나 천둥번개를 동반한 폭풍우가 몰아치기 직전에 구름은 왜 시커먼 색깔로 변하나요?
>
> 맷 부르크 오스트레일리아, 퀸즐랜드 주, 그레이스빌

_ 키이스 애플야드 영국, 테이사이드 주, 던디 해맑고 포동포동하던 구름이 비를 뿌리기 직전 검어지는 이유는 빛을 흡수하기 때문입니다.

구름을 이루는 얼음이나 물 입자들이 빛을 산란시키는 까닭에 구름은 평소 흰색을 띱니다. 그러나 비를 뿌리기 직전이면 으레 그렇듯 얼음과 물 입자의 크기가 커지면서 빛 산란율은 줄어드는 반면 빛 흡수율은 커지게 됩니다.

그 결과 지면에 있는 우리에게 도달하는 빛도 줄어들어 구름이 거무칙칙한 색깔로 보이는 것입니다.

날씨의 비밀 | 파랑주의보

돌풍은 어떤 방식으로 에너지를 전달해 바다 너울이라는 규칙적인 파열(波列)을 일으키는 것입니까? 그리고 너울의 진폭과 주기는 무엇에 의해 결정됩니까?

프랭크 스캐힐 오스트레일리아, 뉴사우스웨일스 주, 이스턴빌

_ 피터 챌리너 영국, 햄프셔 주, 사우샘프턴 해양학 센터

바람이 바닷물을 스치면 잔물결이 생깁니다. 잔물결은 어떤 강풍이 부느냐에 따라 매번 다르며 무질서하고 특정한 방향도 주기도 없습니다.

그러나 바람이 계속 불면 두 가지 변화가 생깁니다. 첫째, 파도가 상호작용하여 긴 파도를 만들어냅니다. 파도가 길다는 것은 주기가 낮다는 뜻입니다. 둘째, 바람은 긴 파도를 떠밀며 계속해서 에너지를 보태줍니다. 폭풍이 멈출 때까지 바람은 더 큰 파도를 만들고, 더 커진 파도의 에너지에 의해 더욱더 긴 파도가 만들어집니다.

파도 중 일부가 너무 가팔라 부서지기는 하지만 일반적으로 파도 에너지의 총량은 계속 증가합니다. 이렇게 국지적으로 생성된 파도들을 우리는 '풍랑'이라고 합니다. 풍랑의 에너지는 바람에 얼마 동안 떠밀려(지속시간) 얼마만큼 이동했느냐(취송거리)에 따라 결정됩니다. 바다 수면의 파도는 단순한 파도가 아니라 복잡하고 무작위적인 바다 표면의 일부로 이해돼야 합니다.

이처럼 복잡한 시스템에서 파도의 크기와 파장을 쉽게 알아내기란 힘듭니다. 대신 통계적으로 유효한 파도 높이와 평균치를 구하면 파도들의 크기를 알 수 있고, 최고 높이 즉 가장 에너지가 큰 파도들 사이의 시간차인 첨두 주기를 구하면 파장을 알 수 있습니다. 평균적으로 세 시간에 두 번씩 유효 파고를 가지는 파도가 나타납니다.

결국 바람이 바다에 불어넣어준 에너지는 주로 파도가 부서지는 과정에서 일어나는 에너지 손실에 의해 상쇄됩니다. 이 단계에서 파도는 성장을 멈추는데 이것을 바다가 '완전히 자랐다'고 표현합니다. 초속 20미터의 바람(풍력계급 8, 큰바람)에 의해 완전히 자란 바다는 유효 파고가 9미터, 첨두 주기가 15초입니다.

파도는 생성지점에서 수천 킬로미터를 이동합니다. 빛이나 음파와 달리 풍랑은 더 길어질수록(그리고 주기가 더 작아질수록) 이동속도가 빨라집니다. 폭풍에 의해 생성됐지만 이제는 폭풍에서 벗어난 파도를 '너울'이라고 합니다. 너울은 주기가 훨씬 짧고 거의 규칙적인 파열(波列)을 보입니다. 에너지가 새로 가해지지 않는 이상 부서져 사라지는 일 없이 대양을 가로질러 육지에 다다릅니다.

파장이 다르면 이동하는 속도가 다르기 때문에, 너울은 대해를 떠도는 동안 뿔뿔이 흩어집니다. 따라서 너울의 유효 파고와 첨두 주기는 바람의 속도, 지속시간 그리고 그것을 발생시킨 폭풍의 대안거리(對岸距離)에 의해 규정됩니다.

_존 리드 오스트레일리아, 태즈메이니아 주, 호바트 해양연구소 전직 연구원 풍랑은 최초로 바람 에너지에 의해 발생합니다. 풍랑은 물마루가 부서져 생긴 흰 물결을 동반하며 너울보다 파도가 가파르고 예측하기도 힘듭니다. 바람이 오래 불수록 풍랑의 탁월파(卓越波)의 파장도 더 길어집니다.

바람이 멈추거나 풍랑이 발생 영역 밖으로 벗어나면, 끝부분이 하얗게 부서지는 파도가 계속 생기고 파도의 길이가 점점 길어집니다. 그러다 파도를 만들어낼 수 있는 동력이 사라지면 너울이 됩니다.

액체의 표면에 생기는 파는 전파되는 특징이 있습니다. 그것은 곧 서로 다른 파장은 서로 다른 속도로 이동한다는 뜻입니다. 긴 파장을 갖는 너울은 이동속도가 빠르며 관측자에게 먼저 도달합니다.

시간이 경과함에 따라 너울의 파장은 짧아지고, 파장이 짧아질수록 더 느리게 도달합니다. 수천 킬로미터 떨어진 폭풍에서 생성된 너울은 며칠 동안 지속되며 이 과정에서 분산작용에 의해 점차 짧아집니다.

분산작용은 '필터' 기능을 해서 바다의 한 지역에서는 항상 좁은 대역폭의 너울만이 존재합니다. 따라서 너울은 항상 똑같은 모습을 띠며 항공기에서도 관찰되는 것입니다. 일반적으로 너울은 발생 지역에서 멀어질수록 진폭이 줄어듭니다. 광활한 대양을 이동하는 과정에서 에너지가 분산되기 때문입니다. 그러나 그것이 전부는 아닙니다. 또 다른 바람에 의해 생성된 풍랑이 에너지의 일부를 전달해 너울의 파장은 그대로 놓아둔 채 진폭만을 증가시키는 일도 있습니다. 정반대로 맞바람이 불어 너울이 소멸하는 일도 있습니다.

> **날씨의 비밀 | 광색성 렌즈 미스터리**
>
> 저는 안경에 광색성 피막을 입혔습니다. 카리브 해의 눈부신 태양 아래서도 은은하게 어두운 색조를 띠었는데, 영국의 빈약한 한겨울 햇빛 아래서 거의 검은색으로 변했습니다. 왜죠?
>
> **제프 랜더** 영국, 레스터셔 주, 휘트윅

물리와 화학 두 측면에서 설명이 가능합니다. 아무래도 화학 쪽에서 접근해야 더 효과적인 설명이 될 것 같습니다. _편집자_

_ **찰스 쿨롬펠** 미국, 뉴저지 주, 블룸필드 저로서 알 수 있는 것은 단 하나, 질문자가 누워서 몸을 태우는 대신 카리브 해를 돌아다니셨다는 사실입니다. 만약 그렇다면 질문자의 경험은 다음과 같이 설명될 수 있습니다.

영국은 겨울철의 태양 고도가 상당히 낮습니다. 따라서 태양광이 렌즈 면에 직접, 거의 직각으로 닿습니다. 열대지역의 태양은 우리의 머리를 거의 수직으로 비추므로 질문자처럼 돌아다닐 경우 태양광은 안경테에 닿습니다. 즉 안경테 때문에 복사 에너지가 렌즈에 덜 전달돼서 렌즈의 차광 반응이 약화되는 것입니다.

_ **알렉 콜리** 영국, 버크셔 주, 뉴버리 안경집 주인들은 한결같이 광색성 안경은 뜨거워지면 효과가 떨어진다는 사실에 대해서는 말을 아끼더군요. 유리

내부에 함유된 은염 입자는 보통은 투명하지만 자외선과 접촉하면 할로겐과 금속 은으로 분리됨으로써 렌즈 빛깔을 어둡게 만듭니다.

물론 유리 내부에서 일어나는 분리현상이므로 (예를 들어 실내로 들어와) 자외선이 사라지면 안경은 투명함을 되찾습니다. 그같은 재결합 반응은 여타의 반응과 마찬가지로 온도가 오를수록 빠르게 진행됩니다. 현재 안경의 어두운 정도는 자외선이 유발한 분리 작용과 온도에 민감한 재결합 작용의 진행 비율에 의해서 결정되므로 안경이 정해진 어둡기에 도달하려면 따뜻한 기후에서는 더 많은 자외선을 쬐어 주어야 합니다.

_ 윌리엄 달링턴 영국, 스트래스클라이드 주, 해밀턴, 벨 공학대학 광색성 물질들은 온도에 민감하며 온도가 낮을 때 더욱 어두워집니다. 제 색안경은 구름 낀 날에는 완전히 어두워지더니 플로리다의 한낮 태양 아래서는 빛깔이 거의 변하지 않았습니다.

제가 쓰라린 경험을 통해 알아낸 또 다른 사실은 많은 광색성 렌즈들이 가시광선보다는 자외선 복사에 거의 전폭적으로 반응한다는 것입니다. 그래서 차 안에서는 광색성 렌즈들이 제대로 어두워지지 않는 것입니다.

_ 배리 팀스 미국, 버밀리언, 사우스다코타 대학교 빛에 대한 광색성 렌즈의 반응도는 온도에 영향을 받습니다. 낮은 온도는 광색성 반응의 동역학에 영향을

미처 역반응(렌즈의 밝기 회복)을 지연시킵니다.

광색성 렌즈는 낮은 온도에서 더 어두워집니다. 제가 사는 미국 중서부는 그같은 온도 효과를 실험하기에 완벽한 조건을 갖추고 있습니다. 기온이 섭씨 30도 정도의 여름철이면 제 광색성 렌즈는 청회색 음영을 띱니다. 하지만 한겨울 기온이 섭씨 영하 약 10도에 머물자 렌즈는 금세 어두워졌습니다.

화창한 겨울날 어두운 음영의 렌즈는 특히 강렬한 눈 반사광을 차단하는 데 효과적입니다. 하지만 렌즈 색이 너무 짙으면 화창한 야외에서 실내로 들어왔을 때 낭패를 당하기도 합니다. 렌즈가 원래의 밝기로 되돌아오기까지 10분이나 걸리더군요.

> **날씨의 비밀 | 밤하늘에 날벼락**
>
> 번개는 왜 갈라지는 건가요? 그리고 번개의 지름은 얼마나 됩니까?
>
> 마이클 리 영국, 런던

_ R. 손더스 _{영국, 맨체스터 대학교, 대기물리학 동아리} 번개는 일반적으로 뇌우 속의 음전하가 지상으로 내려오는 과정에서 일어납니다. 번갯불이 번쩍이기에 앞서 음전하를 띤 선도낙뢰가 구름의 하단부로부터 양전하들이 포함된 공기를 통과합니다. 양전하들은 뇌우의 높은 전기장이 지면에서 방출시킨 점방전 이온들에 의해 형성됩니다.

선도낙뢰 가지들은 공기를 타고 내려오면서 가장 저항이 적은 대상을 물색합니다. 낙뢰의 가지 중 하나가 지상에 가까워지면 음전하는 목표물이 된 풀이나 나무 같은 물체로부터 양이온들을 끌어당겨 구름과 지상을 잇는 전기 전도 경로를 형성합니다. 그러면 이제 음전하는 지상으로 흘러내려갔다 선도 줄기를 따라 역류하게 됩니다. 그것이 바로 우리 눈에도 보이는 '귀환낙뢰'로 전하들이 내려감에 따라 섬광이 치솟으며 섬광을 번뜩입니다. 선도 가지들이 지상에 도달하지 못 했을 경우 더 밝아지는 것은 전하들이 본줄기로 흘러들었기 때문입니다.

번개를 찍은 사진에서 번개 줄기의 굵기는 장시간 노출로 인해 과

8. 날씨의 비밀 279

장되기 일쑤입니다. 번개에 맞아 손상된 물체를 통해 확인된 지름은 2~100밀리미터 정도에 불과했습니다.

기타 베스트 질문 | 촛불잔치

물리 실험 시간에 선생님이 불 켜진 촛불을 턴테이블에 올려놓았습니다. 턴테이블이 돌아가면 촛불은 당연히 바깥쪽을 향할 것이라고 생각했는데 웬걸, 촛불은 안쪽을 향했습니다. 과학 주임 선생님도 원인을 설명 못합니다. 여기엔 계시겠지요?

루스 해빌런드 영국, 귀네드 주, 베투스어코이드

물론입니다. 계시고말고요. 엄청난 수의 답변에도 불구하고 저희는 그것들을 정성껏 모으고 짜맞추어 명쾌한 그림을 만들고자 애씁니다. 일단 그것부터가 보통 일이 아닙니다. _ 편집자

_ 가레스 켈리 영국, 디버드 주, 애버리스트위스, 펜글레이스 스쿨 물리학 주임 처음 질문을 보고서는 일단 믿을 수가 없더군요. 실험을 해봤더니 아니나 다를까, 말씀하신 것과는 달랐습니다. 촛불은 턴테이블을 돌면서 뒤쪽을 향했습니다. 마치 우리가 촛불을 들고 걸어갈 때처럼요.

_ 존 애슈턴 영국, 그웬트 주, 몬머스 질문을 읽고 나서 부엌에서 회전식 치즈접시에 초를 올려놓고 실험해봤습니다. 분당 60회에 달하는 속도에도 촛불은 뒤로 향할 뿐, 안이나 밖으로 흔들릴 기미는 전혀 보이지 않았습니다. 그라모폰 축음기 턴테이블에 올려놓고 다시 실험해봤지만,

78분당회전속도(rpm)에도 결과는 동일했습니다. 제가 뭘 잘못한 건가요?

그렇습니다. 디버드 주와 그웬트 주의 독자님, 두 분께서 잘못하신 게 있습니다. 두 분의 근면성실함에는 고개가 숙여집니다만, 그러니까 우선적으로…… _편집자

_데이비드 메이 ^{영국, 레스터서 주, 셰프셰드, 힌드 레이스 커뮤니티 칼리지 물리 교사} 그같은 효과를 관찰하려면 촛불 주변에 바람이 없어야 합니다. 안 그러면 촛불이 뒤로 향합니다. 따라서 초를 잼 병에 넣고, 잼 병을 턴테이블 가장자리에 올려놓으십시오.

_데이비드 블레이크 ^{영국, 스털링} 촛불이 안쪽을 향했던 이유는 회전판의 원심력이 약했기 때문입니다.

잼 병 속의 공기가 원심력에 의해 회전함에 따라 밀도가 높아진 공기는 우리가 예상 가능한 방향으로 움직입니다. _편집자

_수 앤 볼링 ^{미국, 알래스카 주, 페어뱅크스, 알래스카 대학교} 턴테이블의 촛불이 안쪽으로 굽는 것이나 촛불이 아래가 아니라 위로 움직이는 것이나 원리는 같습니다. 촛불에 의해 가열된 가스는 주위의 차가운 공기에 비해 밀도가 낮습니다. 주위의 밀도 높은 공기가 바깥쪽으로 움직이면서 촛불을 안쪽으로 휘게 만드는 것입니다.

정말 엄밀하게 따진다면, 구심력이 동일해도 밀도가 낮을수록 촛불이 더 많이 가속된다고 말해야 할 것입니다. 뉴턴의 법칙에 따르면, 힘이 같을 경우 질량과 가속도의 곱은 동일합니다. 따라서 질량이 작을수록 가속도는 더 커집니다. 학생들 수준에서는 간단하게, 공기는 밀도가 높을수록 더 많은 힘을 받는다고 생각하셔도 좋습니다.

학생들은 또한 물리학의 기준틀에 근거하여 생각하거나 수학을 이용하셔도 좋습니다. _편집자

_톰 트럴 오스트레일리아, 태즈메이니아 대학교 촛불이 왜 안쪽으로 휘어지는지를 쉽게 이해하기 위해 그와 유사한 상황을 생각해봅시다. 선형 물리학의 기준틀에 근거해서 말입니다.

예를 들어 당신은 지금 자동차를 운전 중입니다. 자동차 운전대에는 헬륨 풍선이 매달렸습니다. 당신이 갑자기 브레이크를 밟습니다. 풍선은 어떻게 될까요? 우리의 상체는 앞으로 쏠리겠지만 정반대로 풍선은 자동차 뒤편으로 튕겨나갑니다. 왜 그랬을까요? 자동차 안의 공기가 관성에 의해 우리와 마찬가지로 앞으로 쏠리면서 자동차 뒷좌석의 공기 압력과 질량 대비 밀도가 최하로 떨어져 정반대로 풍선은 뒤편으로 이동한 것입니다.

풍선과 마찬가지로 촛불도 공중에 떠 있습니다. 촛불은 심지에서 뜨겁게 타오르는 밀랍과 주위의 가열된 공기가 복잡한 상호작용에 의

해 만들어내는 가시적인 결과물에 불과합니다. 따라서 촛불 역시 가장 압력이 낮은 방향, 즉 회전의 중심 방향으로 이동하려 합니다. 두 경우를 다시 비교해봅시다. 초는 자동차와 마찬가지로 촛불 주위의 공기에 대해 가속됩니다. 따라서 공기는 초에 비해 상대적으로 바깥쪽으로 빠르게 이동합니다. 정반대로 촛불은 안쪽으로 이동합니다.

_ 닐 헨릭슨 ^{영국, 에든버러, 제임스 영 고등학교장} 밀폐된 용기 안에 든 공기는 촛불에 의해 밀도가 낮아지고, 촛불은 구심력의 영향으로 회전의 중심을 향해 기울어집니다. 촛불은 (구심가속도가 작용하는) 수직 방향에 대해 아크탄젠트(빗변/밑면)의 각을 이룹니다.

그 효과는 자동차 속의 풍선으로 이미 입증됐습니다. 가속도 상황에서 풍선은 앞으로 기울지만, 브레이크를 밟으면 뒤로 이동합니다. 그러나 띠에 묶였다면 브레이크 상황에서도 앞으로 쏠립니다. 그렇지만 적용되는 공식은 동일합니다. 자동차가 시속 50킬로미터의 속도로 반경 20미터의 곡선을 따라 이동 중이라면 풍선은 약 44도로 기울어집니다.

기대하십시오. 동일한 효과를 더 쉽게 확인할 수 있는 방법이 소개됩니다. _ 편집자

_ 콜린 시튼스 ^{영국, 웨스트요크셔 주, 브래드퍼드} 알코올 수준기(水準器)를 턴테이블에 올려놓으십시오. 자전거 바퀴살처럼 중심에서 바깥쪽을 향하게 두셔

야 합니다. 그런 다음 턴테이블을 회전시키면 거품 방울이 안쪽을 향해 움직입니다. 알코올 용량이 많으면 더 많은 거품 방울을 보실 수 있습니다.

기타 베스트 질문 | 하늘을 향해 쏴라

세계 여러 지역 사람들이 승전일이나 기념일 같은 특별한 날을 맞아 공중으로 총을 쏘는 화려한 경축행사를 벌이지만 정작 자신과 시민들의 안전에는 둔감한 것 같습니다. 총신을 지면에서 수직으로 세워 발사하면 탄알은 대략 어느 정도 고도까지 올라가나요? 그리고 다시 지상으로 떨어질 때의 낙하 속도(그리고 잠재적 치사율)는 얼마나 되나요?

— 레오 켈리 뉴질랜드, 오클랜드

_ 샘 엘리스와 게리 모스   영국, 윌트셔 주, 스윈던, 왕립군사과학 칼리지

하늘로 총을 쏘는 행사는 세계 여러 지역에서 다반사로 시행됩니다만 그로 인한 사망사고 건수는 행사를 무색케 할 정도입니다. 오늘날 일반적인 7.62밀리미터 구경 탄알을 공중을 향해 수직으로 발사할 경우 탄알은 초속 840미터 속도로 총구를 떠나 대략 17초 내에 2400미터 고도에 도달합니다. 그후 40초 정도 지나 탄알은 지상에 떨어지며 상대적으로 낮기는 해도 그 속도는 최종속도에 근접합니다. 이때 총알은 실제로는 전방 비행보다 후방 비행 쪽이 더 안정되어 있기 때문에 대개 기저부가 먼저 날아가게 됩니다.

정확히 수직으로 쏘더라도 탄알은 일정 거리를 휘어져 나갑니다. 그런 일은 약 8초간에 걸쳐 2300~2400미터 구간을 초속 40미터 이하의 속도로 통과하는 동안 일어납니다. 바로 이 구간이 바람에 의해

총알이 옆으로 휘어지지 않나 특히 의심되는 구간입니다. 탄알의 지상 낙하 속도는 대략 초속 70미터입니다.

그 정도쯤이야 생각하실지 모르겠지만 이런 사고의 희생자 대부분이 두개골 손상자인 까닭에 사망자 및 중상자 숫자가 총기사고로 인한 전체 부상자에서 차지하는 비율은 아찔할 정도로 높습니다. 일반 총기사고에 비해 다섯 배 정도 높은 수치입니다. 짐작하셨겠지만 그런 사고를 사전에 예측할 마땅한 방법은 미약한 실정이며, 탄도 비행을 컴퓨터로 모형화한 결과값 역시 빗나가기 일쑤입니다.

_ 데이비드 매디슨 오스트레일리아, 빅토리아 주, 멜버른 탄환의 종류에 따라 상황도 달라집니다. .22LR 탄환의 최고 도달 고도는 1179미터이며 최종속도는 최초 발사 지점으로 떨어지느냐 아니면 벗어나느냐에 따라 초속 60미터 내지 43미터입니다.

44구경 매그넘 탄환의 도달 고도는 1377미터이며 초속 76미터의 최종속도로 발사지점에 낙하합니다. .30-06 탄환의 도달 고도는 3080미터이며 초속 99미터의 최종속도를 갖습니다.

.22LR탄의 총 비행시간은 30~36초이며 .30-06탄은 58초 정도입니다. 종류에 관계없이 낙하 속도보다는 총구를 빠져나가는 순간의 속도가 훨씬 더 빠릅니다. .22LR탄의 발사속도는 초속 383미터이며 .30-06탄은 초속 823미터입니다.

금세기 초 브라우닝의 실험과 최근 L. C. 헤이그의 실험에 따르면 탄알이 사람의 피부를 뚫는 데 필요한 속도는 초속 45~60미터입니다. 탄환의 낙하 속도 범위에 해당합니다. 물론 피부 관통이 모두 인명 살상이나 심각한 상해로 이어지는 것은 아니며, 양식 있는 인사라면 그럴 목적으로 하늘에 대고 총을 쏘지도 않을 것입니다.

질문자께 일독을 권합니다. 「총알 낙하: 최종속도의 관통력 연구」, L. C. 헤이그 지음, 회전 탄도학 회의, 1994년 4월, 캘리포니아, 새크라멘토.

_ 딕 필러리　영국, 런던　존 W. 힉스는 그의 저서 《소총과 사격의 원리》에서 1909년 하드캐슬 소령의 실험을 소개합니다. 소령은 매닝트리의 스투어 강에서 .303탄 소총을 공중을 향해 곧추세워 연달아 발사합니다. 배에 탔던 동승자는 이론만 알았지 상공에 바람이 분다는 사실은 몰랐는지 《켈리 인명 주소록》 한 권을 머리에 악착같이 대고 있었다고 합니다.

그러나 땅에 떨어진 탄알은 대략 90미터 범위에는 하나도 없었고 약 400미터 범위에는 일부만 있었으며 나머지는 행방이 묘연했습니다.

줄리언 S. 해처의 기록에 따르면 제1차 세계대전 직후 플로리다에서도 비슷한 실험이 있었습니다. 실험은 좁은 해협에 가로 세로 약 3미터의 발사대를 만들고 그 위에 30구경 기관총을 설치해 진행됐습니다. 해협의 수면이 잔잔해 탄알이 물을 튀기며 낙하하는 모습을 관찰하기 좋은 장소였습니다. 실험 참가자들의 안전을 위해 발사대 위에는 장갑판이 설치됐습니다. 드디어 기관총이 조준을 마쳤습니다. 곧이어 기관총을 둘러싸고 탄알들이 우수수 떨어질 참이었습니다.

공중을 향해 발사된 500발도 넘는 탄알 중 귀환 길에 발사대를 두드린 탄알은 단 네 발에 불과했습니다. 매 차례 연발로 발사된 탄알들이 무리지어 탄착한 곳은 20여 미터 밖이었습니다.

탄알들이 낙하하기 전까지 치솟은 높이는 대략 2740미터. 총 비행 시간은 약 1분. 탄착지점 형성에는 바람이 결정적 영향력을 행사했습니다.

_ M. W. 에번스 _{영국, 파이프 주, 인지바} 어린 시절, 영국 본토방어 항공전 때 고철 수집을 위해 전투기 기관포에서 떨어지는 황동 탄피들을 주우러 다녔던 적이 있습니다. 탄피들은 하늘에서 천천히 떨어졌는데, 표면적 대 질량비가 낮아서 그랬을 것입니다. 그러나 제가 주웠을 때까지도 여전히 뜨끈뜨끈하더군요.

따라서 .303탄처럼 작은 발사물이라면 낙하해도 다칠 사람 하나 없습니다. 그 정도 탄환의 최종속도라면 갱도 안의 생쥐처럼 무시해도 좋습니다. 그러나 만약 발사체의 질량으로 인해 상당한 수준의 최종속도가 발생한다면 우리의 목숨을 앗아갈 수도 있습니다.

기타 베스트 질문 | **F학점의 천재들**

다음 문장을 읽으면서 F가 몇 개인지 세어보시기 바랍니다.

*FINISHED FILES ARE THE RE-
SULT OF YEARS OF SCIENTIF-
IC STUDY COMBINED WITH
THE EXPERIENCE OF YEARS.*

몇 개나 보셨습니까? 처음 읽었을 경우 3개라고 답하는 사람이 가장 많았습니다. 그러나 6개가 정답입니다. 왜 이런 일이 일어나는 거죠?

—
릭 이러호 영국, 웨스트요크셔 주, 클렉히턴

_**샘 휠** 영국, 데번 주, 엑서터 대부분의 사람들이 여섯 개가 아니라 세 개라고 답했다는 사실에 놀라실 만도 합니다. 읽기란 전적으로 발음이라고 생각하셨다면 말입니다. 우리가 인쇄된 글자를 읽고 의미를 이해하는 데는 몇 가지 방법이 있지만 그중 가장 일반적인 방법은 일단 개별 문자나 소리에는 신경 쓰지 않는다는 것입니다.

우리의 눈은 수많은 단어의 형태에 익숙해져 있습니다. 특히 'of'처럼 흔하게 쓰이는 짧은 단어에는 더욱 익숙합니다. 그런 단어의 형태는 우리의 머릿속에 기억되고 우리는 더 이상 단어를 개별적인 소리의 집합으로 인식하지 않습니다. 따라서 님께서는 문장을 읽으면서

9. 기타 베스트 질문 **291**

더 길고 낯선 단어에 있는 F에만 신경 썼지, 'of'에 있는 3개의 F에는 신경 쓰지 못했던 것입니다.

_ 발레리 모이세스 영국, 옥스퍼드셔 주, 밴버리 머리 좋은 일곱 살배기 꼬마나 교정자라면 F가 여섯 개 보인다고 답했을 것입니다. 그들은 모든 단어를 차별 없이 평등하게 대우하며 읽으라고 배우기 때문입니다.

우리는 속독을 할 때 중요한 단어만 골라 읽고 나머지는 뇌가 알아서 채우게 내버려둡니다. 더 빨리 읽고 싶다면 더 많은 단어를 건너뛰어야 합니다. 간단한 이야기라면 분당 600자 이상의 속도로 읽어도 내용 이해가 얼마든지 가능합니다. 정보가 밀집된 과학책이라면 속도를 다소 늦춰야 합니다.

책을 빨리 읽으려면 가장 중요한 단어에 집중해야 합니다. 그런 단어는 대개 명사와 동사입니다. 부사와 형용사는 그 다음이고 법, 관사, 대명사, 전치사 따위는 맨 나중입니다. 읽기에 숙달된 사람들은 우선순위 최하위인 단어에는 신경을 쓰지 않습니다. 그런 단어들은 영어에서(뿐만 아니라 대부분의 언어에서도 그렇듯) 대개 길이가 짧은 단어들입니다. 따라서 'of' 처럼 시시한 단어들은 건너뛰었기 때문에 숫자에서 빼먹은 것입니다.

문자 체계가 판이한 중국인과 일본인들의 읽기 속도에 대해서는 아직 고민 중에 있습니다.

_ 앤드루 매코맥 _{영국, 브리스틀} 동료 직원들에게 문제를 실험해봤습니다. 물론 문제의 모양을 바꾸었습니다. 저는 두 개의 'of'가 줄 맨 뒤에 오게 고쳤습니다. 제 동료들은 그 두 개의 F는 그냥 지나치지 않았지만 원래 있던 하나는 못 보고 지나쳤습니다. 그래서 제 생각에는 F의 위치(줄의 가운데) 때문에 사람들이 못 알아보지 않나 합니다.

영어를 모르는 사람들은 틀림없이 F의 개수를 세는 데 아무 문제를 느끼지 못할 것입니다. 영어가 모국어가 아닌 사람들에게 문제를 실험하면 어떤 결과가 나올지 궁금하군요.

_ 브린 하트(10세) _{오스트레일리아, 웨스턴오스트레일리아 주, 켐스콧} J. 리처드 블록과 해럴드 E. 유커가 쓴 착시현상 책 《당신은 당신의 눈을 믿을 수 있습니까?》를 읽다가 왜 그런지 이유를 알아냈습니다. 사람들이 다들 F가 세 개라고 생각한 건 'of'에 F가 있다는 걸 몰랐기 때문입니다. 그건 말이죠, 'of'에 있는 F가 V 발음이기 때문에 우리의 뇌가 그걸 F라고 인식하지 못해서 그렇습니다.

_ 톰 스위트만 _{영국, 더비셔 주, 하이피크} 정말 창피하지만, F를 세 개로 봤을 뿐만 아니라 정답을 듣고도 여전히 세 개로밖에 안 보였습니다. 제 아내는 앉은 자리에서 단 한 번만에 여섯 개 아니냐며 정답을 말하더군요.

저는 영어 교사이고 아내는 수학 교사인데 그게 차이였습니다. 영어 교사는 글을 읽으면서 흐름과 논리를 이해하려고 애쓰다 보니 'of'

같은 단어는 뒷전입니다. 그래서 세 번이나 틀립니다. 수학적 정신의 소유자인 아내는 정확히 문제가 시키는 대로 합니다. F가 몇 개인지 세시오. 아내는 글자의 개수를 셌던 반면 저는 문장을 읽었던 셈입니다. 그러느라 실제 할 일을 잊었던 것이죠.

하이픈 기호로 단어를 쪼개놓은 것도 주효했던 것 같습니다. 하이픈 때문에 문장 이해하기와 단어 따라가기에 바빠 정작 수행과제는 잊게 되더군요.

_ 알렉스 루 영국, 에든버러 질문자와 답변자들에게 반가운 소식이었으면 좋겠습니다. 저는 영어가 외국어이고(제 모국어는 대만어입니다) 올 여름 수학시험에서 다수의 A 학점을 보장받은 사람이기 때문입니다. 처음 읽었을 때 제가 찾은 F는 세 개였습니다. 정답을 보고 다시 읽었는데 역시 세 개였습니다. 소리 내서 또박또박 읽었더니 그제야 'of'에 있던 나머지 F들이 눈에 들어오더군요. 사실 두 번째 'OF'는 소리 내 읽기 전까지는 있는지도 몰랐습니다.

확신컨대 직업이 영어 교사라서 F의 개수를 잘못 세신 게 아닙니다. 저는 시스템 분석가라는 직업 때문인지 수행 중인 작업(F의 개수 세기)에 오히려 더 집중할 수 있었습니다. 나는 왜 F를 놓쳤을까, 두 가지 생각이 들었습니다. 너무 한밤중이어서 그랬거나 아니면 수학이 제 적성이 아니었거나 둘 중 하나겠죠. 어떤 과목으로 바꿀지 심사숙고 중입니다.

_ 더글러스 부트 영국, 체셔 주, 스톡포트 제가 하나 더 추가하죠. 다음과 같습니다.

THE
SILLIEST
MISTAKE IN
IN THE WORLD

제가 일곱 살 반 아이들 수업에서 글을 쓴 다음 반드시 읽어봐야 하는 이유를 설명하기 위해 칠판에 적는 글자입니다. 읽기에 선수들인 우리 아이들은 거침없이 읽어내려 갑니다. "The silliest mistake in the world." 그럼 제가 한마디 합니다. "내 그럴 줄 알았다니까." 또 하나의 'IN'과 만나려면 더 느린 속도로 읽어야 합니다. 때마침 교실로 들어온 교장선생님이 칠판을 슬쩍 보시고는 글씨를 따라 읽습니다. 당연히 잘못 읽죠. 아이들이 한 목소리로 교장선생님을 환영합니다. "내 그럴 줄 알았다니까요, 선생님."

F와 V를 혼동했기 때문이라고 답변한 분이 계시던데, 이런 경우에는 적용되기 어렵겠습니다.

기타 베스트 질문 | 과학을 훔친 스파이

007시리즈를 보면 악당(혹은 착한 편)들을 처치할 때 소음기가 달린 총이 등장합니다. 소음기는 어떻게 작동합니까?

제레미 찰스 영국, 버킹엄셔 주, 체섬

_ 빌 해리먼 영국, 클루이드, 렉섬, 영국수렵보호협회 엄격히 따지자면 소음 완충기 혹은 억제기라고 불러야 마땅한 소음기는 수렵가들 사이에서 총성을 경감시킬 목적으로 널리 애용되며, 특히 운동경기용 소총과 공중전 무기류에도 널리 사용됩니다. 소음 완충기는 총열의 끝에 나사처럼 돌려 꽂는 관 모양의 장치이며, 기본적으로는 팽창실 안에 연결된 일련의 차폐기에 지나지 않습니다.

대다수 총기류의 발포시 소음은 두 가지 원인에서 비롯됩니다. 첫째, 추진 가스가 총구에서 터져 나오며 급팽창합니다. 둘째, 탄두가 음속을 돌파합니다. 초음속 탄도의 소음도를 낮추기란 불가능하지만 소총에 소음 완충기를 장착하면 추진 가스의 팽창률을 억제하여 소음량을 상당한 수준으로 떨어뜨릴 수 있습니다.

소음 완충기의 진가는 발사체의 운동속도가 음속 이하인 총기에 장착될 경우 유감없이 발휘됩니다. 이것이 총이 맞나 의심스러울 정도로 발사시의 소음이 격감합니다.

소음 완충기는 리볼버(회전식 연발) 권총에는 장착이 불가능합니다.

리볼버 권총의 발사 소음은 전적으로 약실 정면부와 총열 사이의 틈새로 방출되는 5퍼센트 가량의 추진 가스에 의해 발생하기 때문입니다. 그 밖의 총기류에는 소음 완충기 장착이 얼마든지 가능합니다.

제2차 세계대전에서 쓰였던 기관단총을 본 적이 있습니다. 특수 아음속탄이 굵직한 일체형 소음 완충기를 통과하며 발사되던 기관단총이었습니다. 정말 조용하더군요. 노리쇠가 달그락거릴 뿐 다른 소리는 일절 새나오지 않았습니다.

일반인들의 상상 속에서 총기용 소음 완충기는 제임스 본드 아니면 암흑가의 물건으로만 각인되어 있습니다. 현실 속의 소음 완충기는 소음 공해 줄이기의 일환으로 야외에서 널리 사용되는 수렵가들의 애용품입니다.

_휴 벨라스 (전자우편으로 보내주셨으며 주소는 없었습니다) 미국의 발명가 하이럼 P. 맥심(맥심 기관총으로 유명한 하이럼 S. 맥심의 아들)은 1910년 최초의 성공적인 소음기로 특허를 얻었습니다. 오늘날에도 여전히 사용되는 흡음형 소음기를 발명했던 것입니다. 흡음형 소음기는 일반적으로 두 개의 격실로 나뉜 금속제 실린더가 총구에 장착되는 구조로 이루어집니다.

첫번째 격실은 일반적으로 소음기 길이의 약 3분의 1을 차지하며 내부에 장치된 '팽창실'에서, 탄알을 뒤따라 총구에서 분출되는 고온의 가스를 팽창시켜 가스 에너지 일부를 분산시킵니다. 팽창실에 장치된 철사 그물형 실린더는 방열판처럼 작용하여 가스 기둥을 흐트러

뜨려 냉각시키는 기능을 수행합니다.

두번째 격실은 일련의 금속제 흡음재로 이루어졌으며 중앙에는 탄알을 통과시키기 위한 구멍이 뚫려 있습니다. 팽창실을 통과한 가스의 흐름은 흡음재를 거치며 휘어지고 느려져 실린더에서 분출되는 순간에는 차갑고 이동속도가 느리며 조용한 가스로 변합니다. 오토바이 소음기가 바로 그것과 동일한 원리에 의해 작동합니다.

소음기 종류는 다양한데, 오로지 흡음재로만 이루어진 것도 있고 전적으로 커다란 팽창실에만 의존하는 것도 있습니다. 사실 플라스틱 음료수 병은 아주 훌륭한 소음기 재료입니다. 사격 횟수가 제한될 뿐 수명이 다할 때까지 제 구실을 톡톡히 합니다.

소음기는 일반적으로 아음속 탄환이 장전된 탄창과 최고의 궁합을 자랑합니다. 일반 탄환들은 음속을 넘어서는 순간 음속 돌파음을 발생시키지만 아음속탄은 그럴 염려가 없기 때문입니다.

어떤 소음기들에는 탄환의 속도를 음속보다 느리게 하기 위해 총열에 팽창실까지 튀어나오게 증기구들을 깎아넣기도 합니다. 이런 증기구들은 탄환에 뒤이어 나오는 가스를 흘러나가게 함으로써, 발생된 압력을 감소시키고 결과적으로 탄환의 속도를 약하게 합니다. 한편 탄력성 재료를 사용해 중앙의 구멍을 탄환 지름보다 좁게 만들어 와이프(wipe)들이 총알 방향으로 밀려 열렸다가 총알이 통과하고 나면 다시 닫히게 하는 방법도 있습니다. 그같이 기발한 구조는 가스의 분출 속도를 더욱 효과적으로 떨어뜨립니다. 물론 와이프는 금세 마모되며 탄알의 정확도에 악영향을 미칩니다.

그리 일반적이지는 않지만 '철사 그물형' 소음기도 있습니다. 흡음형 소음기와 동일하게 팽창실이 있지만, 차폐기 대신에 중앙에 탄환이 나갈 구멍이 있는 철사망이 설치되어 있습니다. 그럼으로써 흡음형과 마찬가지로 철사 그물이 가스 기둥을 분산시키는 동시에 방열판 역할을 하여 뜨거운 가스를 냉각시키고 소리를 줄여줍니다. 따라서 범죄자들은 쇠수세미나 프라이팬 수세미를 이용해 즉석에서 동일한 종류의 소음기를 만들기도 합니다.

총구 장착형 소음기는 가장 최근에 등장한 혁신적 신제품으로서 '물'(미국에선 '물깡통') 소음기라는 별명이 있습니다. 물이나 윤활유가 사용되기 때문입니다. 총이 발사되는 순간, 뜨겁게 팽창한 가스는 액체와의 열교환 작용에 의해 냉각돼 조용해집니다. 물 소음기는 더 작고 조용한 제품설계가 가능합니다.

러시아에서는 총구 장착형 소음기를 없앤 획기적 방식의 소음기도 등장했습니다. 그 소음기에는 화약을 동력으로 쓰는 피스톤에 의해 탄환이 밀려나가는 특수 탄약통이 사용됩니다. 피스톤이 탄약통의 목 부분에서 멈추면 뜨겁고 소음이 많이 나는 가스가 전부 총의 약실에 갇힙니다.

할리우드는 예술가적 자유를 빌미로 소음기를 아예 왜곡했다는 평가를 받아야 마땅합니다. 대부분의 실제 소음기는 영화에서와 달리 결코 여송연통처럼 앙증맞지 않습니다. 그보다 아주 엄청나게 더 큼니다. 게다가 소음기는 쉽사리 붙였다 떼었다 할 수 있는 물건도 아닙니다. 영화에선 가능할지 몰라도 리볼버 권총에 소음기를 다는 일은 가당치도 않습니다. 리볼버 권총은 총신과 약실 사이 공간으로 가스가 분출됩니다.

  마지막으로, 제임스 본드의 소음기에서 예리하게 내뿜는 '슉' 소리는 잊으십시오. 실제 소음기 소리는 오히려 자동차 소음기의 부르릉 소리 내지는 문짝을 세차게 닫는 소리에 훨씬 더 가깝습니다.

기타 베스트 질문 | 카드가 먹통이네!

호텔의 체크아웃을 담당하는 직원들은 신용카드나 직불카드가 먹통일 때 가장 가까이 있는 천에 쓱쓱 문지르곤 합니다. 이것이 실제로 효과가 있습니까?

필립 클리버 벨기에, 네브로몽

_샬롯 대스웰 영국, 웨스트서식스 주, 페트워스 제 경험에 비추어 볼 때, 신용카드나 직불카드가 정확하게 판독되지 않는 것은 다음 세 가지 이유 중 하나 때문입니다.

첫째는 뭔가가 카드에 있는 자기 띠에 영구적인 손상을 입혀 컴퓨터가 제대로 읽지 못하는 것입니다. 이 경우에는 계산원이 직접 손으로 숫자를 입력해야 하고, 카드 소지자는 새로운 카드를 발급받아야 합니다.

둘째는 기계에 결함이 있어 카드를 읽을 수 없는 경우입니다.

하지만 카드가 읽히지 않는 세번째 이유가 가장 흔한 원인입니다. 먼지나 이물질이 자기 띠 위에 쌓여 정보가 가려지고 그 때문에 전자 판독기가 제대로 정보를 읽지 못하는 경우입니다. 이럴 때는 재빨리 옷소매로 먼지를 닦아내기만 하면 문제가 완전히 해결됩니다. 다시 카드를 긁어보면 성공적으로 읽힐 겁니다.

제가 아는 한 이런 식의 해결 방법에는 어떠한 대단한 수수께끼나 대단한 과학도 관련되어 있지 않습니다.

만약 카드를 지갑 안의 카드칸에 보관했다면 상당히 깨끗한 상태일 테니 단 한 번의 시도만으로도 판독이 될 것입니다. 이렇게 보관하면 돌이킬 수 없는 손상을 발생시킬 위험요소들로부터 카드를 보호할 수 있기 때문에 첫번째 문제 따위는 애초에 생기지 않을 것입니다.

_ 시시 아자르 오스트레일리아, 시드니 자기 띠를 문지르는 행위에는 한 가지 단점이 있습니다. 그것은 제가 슈퍼마켓 지배인으로 있을 때 경함한 일인데, 카드를 문지르는 것이 오히려 판독을 더 힘들게 하는 경우가 있다는 것입니다. 정전기가 생겨 전자판독기의 기능을 방해하는 일이 벌어질 수도 있기 때문입니다.

달라붙어 있는 먼지를 제거하려고 카드를 문지르는 방법은 일시적으로는 효과가 있을지라도, 쓸데없는 정전기가 발생해 나중에 훨씬 더 많은 먼지가 카드에 달라붙게 될 수도 있습니다.

> 기타 베스트 질문 | 행복한 귀환
>
> ## 부메랑은 왜 되돌아옵니까?
>
> **애덤 롱리** 영국, 사우스글로모건 주, 배리

_ 앨런 체스터 영국, 사우스요크셔 주, 세필드   부메랑은 비행기 날개를 가운데서 꼬아 붙인 모양을 하고 있으며 우리는 그것을 수직으로 세워 잡고 빙글빙글 돌아가게 던집니다. 수직 방향으로 회전하는 부메랑은 윗날개가 아랫날개보다 빨리 돌아갑니다. 그 결과 (비행기 날개가 양력을 얻듯이) 윗날개는 아랫날개보다 측면에서 더 강한 힘을 받아 기울어진 부메랑은, 마치 우리 어깨가 누군가에게 떠밀려 기울어지듯이 곡선을 그리며 비행하게 됩니다.

자전거를 탈 때와 비슷합니다. 자전거를 옆으로 기울이면 자전거는 원형을 그리며 돌게 됩니다. 부메랑도 마찬가지입니다.

_ 리처드 켈소 그리고 필립 커틀러 오스트레일리아, 사우스오스트레일리아 주, 애들레이드 대학교   부메랑이 되돌아오는 것은 항공역학과 자이로스코프 효과의 합작물입니다. 부메랑은 기본적으로 두 개 혹은 그 이상의 익형 날을 이용해 회전합니다. 회전 궤도면이 수직 방향으로 20도 정도의 각도를 이루게 던지면, 부메랑은 가장 높은 쪽에 있는 날들이 총체적인 운동방향으로 나가면서 고속으로 회전합니다(일반적으로 초당 약 10회 회전합니다). 따라서 윗

날이 아랫날보다 빠른 속도로 공기를 가로지릅니다. 빠르게 회전하는 날개는 느리게 회전하는 날보다 더 많은 양력을 얻습니다. 이것이 총체적인 힘이 되어 방향을 바꾸고 토크(회전력)를 역전시킵니다.

부메랑의 회전운동은 부메랑을 마치 자이로스코프처럼 움직이게 합니다. 역전 토크가 발생하면 자이로스코프 효과에 의해 부메랑은 거의 수직축을 중심으로 그때그때 다르게 회전(혹은 전진)합니다. 그것은 부메랑의 회전면을 계속적으로 변화시켜 부메랑이 원호를 그리며 주인에게 되돌아오게 합니다.

또 다른 효과는 부메랑이 출발점으로 되돌아오는 과정에서 보이는 특이한 움직임을 잘 설명해줍니다. 부메랑은 돌아올 때 수평으로 드러눕습니다. 수직 방향으로 20도 각도로 출발해 수평으로 되돌아오는 것입니다. 다수의 항공역학 효과와 자이로스코프의 섭동운동의 재결합으로 일어나는 현상입니다. 가장 눈에 띄는 효과는 회전하는 부메랑의 맨 앞쪽에 있는 날이 뒤따라 이어가는 쪽의 날보다 더 많은 양력을 만들어낸다는 것입니다. 이것 또한 부메랑이 수평 궤도면을 그리며 회전하는 요인이 됩니다. 펠릭스 힉스가 『사이언티픽 아메리칸』 1968년 11월호에 기고한 기사에는 그같은 내용이 자세하게 설명돼 있습니다.

_ 칩스 맥키놀티 오스트레일리아, 노던 준주, 나이트클리프 대부분의 부메랑은 되돌아오지 않을 뿐만 아니라 그런 목적으로 만들어진 것도 아니라는 사실을 아

셨으면 합니다. 오스트레일리아 원주민들에게 부메랑은 놀이나 운동용품이 아니라 사냥도구이자 전투무기입니다. 따라서 오스트레일리아 대륙 대부분 지역에서 이른바 돌아오는 부메랑이란 것은 제작되지 않습니다. 그들이 부메랑에게 진정으로 바라는 것은 되돌아오는 것이 아닙니다. 신선한 먹을거리를 잡거나 적을 쓰러뜨리는 것입니다.

왈피리 족들이 칼리 부메랑을 던지는 모습을 본 적이 있습니다. 그들은 100미터 거리의 표적을 정확하게 명중시킵니다. 특히 칼리 부메랑의 고수들은 그같은 살인무기를 능수능란하게 다룹니다. 왈피리 족은 또한 윌키(일명 '갈고리' 부메랑 혹은 '7자' 부메랑)라는 도구도 만드는데 그것 역시 살상용 무기입니다.

부메랑이 제작되지 않는 일부 지역을 포함해 오스트레일리아 전역에서 부메랑 두 쌍을 의식용 리듬 악기로 사용하는 일을 흔히 볼 수 있습니다. 그런 종류의 부메랑은 지금도 의례용 도구로서 수천 킬로미터의 거리를 넘어 거래되고 있습니다.

오스트레일리아 부메랑은 예나 지금이나 엄청난 가짓수를 자랑합니다. 그 수를 한번 헤아려보고 싶다면 필독서입니다. 《부메랑: 오스트레일리아 아이콘의 뒷이야기》. 필립 존스의 저작으로 사우스오스트레일리아 박물관에서 출판됐습니다.

기타 베스트 질문 | 마그누스 효과

저는 마그누스 효과에 대해 잘 알고 있습니다(저는 여러 종류의 구기 종목을 즐깁니다). 공을 오른쪽으로 휘어지게 하려면 (위에서 봤을 때) 시계방향으로 회전시켜야 하는 것도 바로 마그누스 효과 때문입니다. 역회전을 걸면 공이 더 멀리 날아가는 것도 마찬가지입니다. 가죽 축구공, 테니스공, 탁구공 어느 것 하나 예외가 아닙니다. 그런데 주유소나 해변가에서 산 비닐 축구공은 확실히 예외더군요. 회전을 걸었는데 정반대 방향으로 움직입니다. 시계방향으로 회전시켰는데 왼쪽으로 휘어지고, 역회전을 걸어도 비거리가 형편없습니다. 솔직히 말해서 축구공이 아니라 커다란 탁구공 같습니다. 표면에 울룩불룩 솟아난 것도 없으니 탁구공과 진배없지 않습니까. 왜 비닐 축구공은 회전과 반대방향으로 움직이는 겁니까?

리처드 브리지워터 영국, 미들랜즈 주, 월솔

그같은 현상은 『뉴사이언티스트』 1993년 8월 21일자 21쪽에 게재된 「흔들리는 볼링 핀의 심술」이라는 제목의 특집기사에서 다소 상세하게 다뤄진 바 있으며 '경계층 분리'라는 개념으로 정확히 설명됩니다.

공이 공기 중에서 이동할 때 공 표면에는 공과 함께 끌려가는 얇은 공기층이 형성됩니다. 그 공기층 바깥의 공기는 평온한 상태를 유지합니다. 끌려가는 공기와 평온한 공기 사이에는 얇은 경계층이 형성됩니다. 이 경계층은 공의 전면에서는 느리게 움직입니다. 그러나 공을 둘러싸는 것처럼 이동하는 순간, 공기의 움직임은 빨라지고 압력은 낮아집니다. (이것이 바로 베르누이의 법칙으로서 유체는 흐름이 빨라질수록 압력이 낮아집니다.)

어느 지점에 이르면 경계층은 공의 표면에서 분리됩니다. 만약 공이 매끄럽고 회전이 없다면 그런 현상은 공 전체에 걸쳐 모든 지점에서 발생합니다. 그러나 공이 회전한다면 경계층 분리가 비대칭적으로 일어나 경계층은 어떤 특정 영역에 넓게 형성됩니다. 그같은 영역에서는 압력이 적게 작용하는 결과, 공을 한쪽으로 밀어내게 됩니다.

매우 평범한 진동(마그누스-로빈스 효과에 의해 발생합니다)에서 공의 회전은 대단히 얇은 공기층을 밉니다. 이에 따라 경계층의 분리점은 공을 둘러싸고 있는 공기의 흐름과 같은 방향으로 움직이는 공의 뒷면과 공기의 흐름에 거슬러 움직이는 앞면으로 밀려나갑니다. 그 결과 경계층이 연장된 쪽의 압력이 낮아지고 공은 그쪽 방향으로 휘게 됩니다. 그래서 시계방향으로 회전하는 공은 왼쪽에서 오른쪽으로 움직이는 것입니다. (바꿔 말하면, 경계층이 분리하는 지점에서의 변화가 공 주위의 공기의 흐름을 한쪽으로 밀게 되어 공이 반대쪽으로 휘는 것입니다.)

이 모든 사실을 통해 우리는 경계층 안의 흐름은 층류라는 가설을 세울 수 있습니다.

하지만 실제로는 공기의 흐름에 부분적인 교란이 일어나며, 공기가 경계층 전체를 무질서하게 돌아다니고, 정반대의 회전이 일어날 수도 있습니다. 실험을 해보면 교란층이 박편층보다 더 오래 공의 표면에 달라붙어 있습니다. 따라서 만일 경계층의 한쪽은 층류이고 그 반대쪽은 난류라면, 난류 쪽의 압력이 낮기 때문에 공이 그쪽으로 움직일 것입니다.

일정 조건하에서 공이 움직일 때 난류는 공기의 흐름에 거슬러 움직이는 쪽 면에서 먼저 발달하기 쉽습니다. 그래서 여기에서의 경계층의 분리는 그보다는 나중에 일어납니다. 그 결과 공이 반대방향으로 휘는 일이 생깁니다.

난류의 발생 유무는 공의 종류, 속도, 크기와 회전 등에 달려 있고, 따라서 반대쪽으로 휘는 것을 스포츠에서 흔히 볼 수 있습니다(아래의 답변들을 참조하시기 바랍니다).

크리켓 같은 운동에서는 솔기가 있는 공을 사용합니다. 그래서 크리켓 경기에서 투수는 난류를 이용해 공을 정방향으로도 또 역방향으로도 휘게 할 수 있습니다. 기술이 뛰어난 선수는 마주 오는 공기에 대해 솔기가 항상 일정한 각도를 향하도록 공에 회전을 걸 수 있습니다.

솔기는 공기의 흐름에 영향을 미쳐, 공의 솔기 쪽에만 경계층의 난류를 만듭니다. 따라서 공의 그쪽 면의 경계층이 분리되고 그 결과 공이 심하게 휩니다.

아주 빠른 공은 역방향으로 휘어지기도 합니다. 세계적인 선수들이 던지는 강속구(시속 130킬로미터 이상)에서는 공기의 흐름도 그만큼 빨라지기 때문에 경계층이 공의 솔기에 닿기도 전에 난류 상태가 되기도 합니다. 이 경우 솔기가 경계층을 밀어냄에 따라 공의 솔기가 있는 쪽의 앞에서 경계층의 분리 현상이 가속화됩니다. 그러면 공은 평상시와는 반대방향으로 예기치 않게 휩니다. 이것이 바로 그 악명 높은 텐-볼 스워버입니다.

공에 흠집이 있으면, 평범한 크리켓 투수도 동일한 효과를 만들어낼 수 있습니다. 거친 표면은 경계층에 난류를 더 쉽게 발생시킬 수 있기 때문입니다. 물론 공에 고의로 흠집을 내는 것은 규칙 위반입니다. _편집자

_ 올리버 할렌 _영국, 웨스트요크서 주, 리즈 대학교_ 비닐 축구공이 반대편으로 휘는 이유는 경계층이 분리되기 때문입니다. 축구공의 한쪽 면에서 공기와 축구공의 상대속도가 더 커질 경우 경계층을 지나는 공기는 난류가 됩니다. 나머지 면에서는 분리가 진행됩니다. 분리된 경계층이 공 표면에서 분리되면 공기의 흐름은 더 이상 공의 표면을 밀어내지 못합니다. 반면 교란된 경계층은 표면과 접촉을 유지하며 표면을 더욱 감쌉니다. 그 결과 공의 회전과 반대방향으로 빗나가는 공 뒤쪽의 후류(後流)가 생깁니다. 그것이 공의 측면에 작용하는 힘을 발생시켜 공이 기류와는 반대로 움직이게 하는 것입니다(시계방향으로 회전하는 공을 오른쪽에서 왼쪽으로 움직이게 합니다).

실험 결과에 따르면 공의 휘어지는 방향을 결정짓는 주요인은 공의 표면적의 회전속도와 공의 병진 속도 사이의 비율입니다. 그 비가 작을 경우(0.4 이하)에는 마그누스 효과가 더 높은 비율로 작용함에도 거꾸로 휘어집니다. 아마도 빠르게 회전하는 테니스공이 축구공과는 반대방향으로 휘어지는 것도 그런 이유에서 비롯되는 것 같습니다.

_ 브라이언 윌킨스 _뉴질랜드, 웰링턴_ 회전하는 구체의 휘어짐은 일반적으로 마그누스 효과에 의해 설명되지만 하인리히 마그누스보다 한 세기 앞서 1742년 벤저민 로빈스는, 대포알의 회전을 연구해 바람이 없는 날에도 포탄이 경로를 이탈하는 이유를 공식적으로 설명한 바 있습니다.

상당수의 출판물들이 이제는 마그누스–벤저민 효과라고 소개합니다. 회전이 구체의 비행에 어떤 영향을 미치는지에 대해서는 1672년 아이작 뉴턴 역시 언급한 바 있습니다. _편집자

> **기타 베스트 질문 | 초음속 채찍질**
>
> **채찍의 끄트머리에서 날카로운 소리가 나는 이유는 무엇입니까?**
>
> **데이비드 이네스** 영국, 서리 주, 파넘

_ 마이크 캡 ^{영국, 옥스퍼드} 그 소리는 실제로는 채찍 끝이 소리 장벽을 부서뜨리는 과정에서 발생하는 음속 돌파음입니다. 이것은 채찍이 손잡이에서 끄트머리로 갈수록 가늘기 때문에 생깁니다. 채찍을 휘두르면 손잡이에 전해진 에너지가 파동을 이루며 채찍을 따라 이동합니다. 이러한 파동은 끝이 점점 가늘어지는 채찍을 따라 이동하면서 점점 더 작은 단면 그리고 점점 더 작은 질량에 작용합니다.

그같은 파동 에너지는 질량과 속도의 상호작용입니다. 따라서 파동 에너지가 보존되려면 파동이 채찍의 끝 쪽으로 진행됨에 따라 질량이 줄어들어 속도가 증가되어야만 합니다. 따라서 파동의 진행 속도는 갈수록 더 빨라지고 마침내 채찍 끝에 도달할 쯤에는 음속의 속도를 얻는 것입니다.

_ 앤드루 플랜트 ^{영국, 햄프셔 주, 리밍턴} 채찍 끝에 도달한 파동은 분산돼야 합니다. 일부는 공기로 분산되지만 다른 일부는 반사파동을 타고 채찍으로 되

돌아갑니다. 바로 그렇게 초기 파동이 채찍 끝에 도달하여 귀환길에 오르려는 순간 파동은 짧지만 어마어마한 가속도를 얻습니다. 그 결과 파동은 초음속의 속도로 운동하게 되는 것입니다.

> 기타 베스트 질문 | **영원한 빛깔의 향기**
>
> 뜨겁게 달구었다 식혔다 하는 담금질 과정에서 강철 표면이 빛깔을 발하는 이유는 무엇입니까? 철이나 강철 같은 금속의 색깔은 섭씨 약 200도로 가열됐을 경우에는 노란색을 띠지만 온도가 오름에 따라 황금색, 다갈색, 자주색, 푸른색을 거쳐 최종적으로 섭씨 약 600도에 이르러서는 검은색을 띱니다. 그리고 붉게 또는 푸르게 산화 처리한 강철 제품들은 100년이 다 된 시계에서도 흠집 하나 없이 빛깔을 유지하는 경우가 적지 않습니다. 그렇게 투명하고 반영구적인 색깔 피막을 유지할 수 있는 물리적인 특성은 어디서 비롯되는 것입니까?
>
> **존 롤런드** 영국, 더비셔 주, 앨리시리

_ **데일 매킨타이어** 사우디아라비아, 다란 강철을 열처리하는 과정에서 사용되는 뜨거운 용광로의 가스는 크롬을 비롯한 합금원료를 산화시켜 표면 피막을 형성합니다. 그같은 표면 피막이 가시광선의 파장과 간섭작용을 일으켜 질문자께서 말씀하신 특정 색깔을 띠게 하는 것입니다.

정확히 어떤 색을 띠느냐는 피막층의 두께에 따라 강철이 어떤 파장과 상호작용을 하느냐에 의해 결정됩니다. 얇은 피막은 낮은 온도에서 형성되며 노란색 혹은 황금색을 띠게 합니다. 두꺼운 피막은 강철이 밝은 청색을 띠게 합니다. 피막이 최고로 두꺼워졌을 경우에는 암청색 그리고 최종적으로 검은색을 띠게 합니다.

    순수한 강철의 담금질 색은 실제로는 매우 희미하며 수화(水化)된 산화철 침전층에 의해 표면 피막의 부식층이 두꺼워짐에 따라 얼마 못 가 사라지고 맙니다. 질문에서 언급하신 100년 된 시계의 상당수 부품들은 향유고래기름을 이용한 담금질 과정을 거친 강철들로 만들어진 것들이었기 때문에 빛깔을 오래도록 간직하는 것입니다. 향유고래기름은 산화 피막에 밀랍같이 투명하고 매끄러운 보호막을 형성해 줍니다. 따라서 빛깔이 대를 이어 보존됩니다. 그같은 기술의 광범위한 사용은 향유고래의 극심한 개체수 감소라는 사태를 불러왔다는 점에서 우리에겐 결국 손해였던 셈입니다.

> **기타 베스트 질문 | 촛불 빨대**
>
> 저희는 과학 시간에 배운 실험을 감행했습니다. 선생님께 배운 대로 물에 촛불을 세워놓고 유리잔으로 덮었습니다. 촛불이 꺼지자 유리잔 속에선 수면이 상승했습니다.
> 저희는 물론 배워서 압니다. 수면 상승은 촛불이 타면서 산소를 소비하기 때문에 일어나는 현상이라고. 그런데 하나가 아니라 네 개의 촛불을 사용했더니 이번에는 물이 훨씬 더 높이 올라왔습니다. 왜죠?
>
> **엠마, 레베카, 앤드루 피스트** 오스트레일리아, 태즈메이니아 주, 노우드

_레오폴드 플라틴 오스트리아, 빈 엠마와 레베카, 앤드루 세 사람의 질문에는 촛불 실험에 대한 상당히 정확한 이해가 반영되어 있는 동시에 지난 수십 년 동안 학교 물리 시간에 얼마나 잘못된 지식이 횡행했는지를 증언하는, 탐구심 넘치는 젊은 정신이 담겨 있습니다.

산소가 연소되면 수면이 일정 정도 상승하는데, 그것은 주어진 분자량의 산소가 초에 있는 탄소를 태워 비슷한 양의 분자량의 이산화탄소로 바꾸고, 다른 한편으로는 수소를 2분자량의 수증기로 변화시키기 때문입니다.

이산화탄소는 부분적으로 물에 용해되지만 수소는 거의 전부가 액화됩니다. 따라서 기체의 실질적인 부피는 감소하는 결과를 낳습니다.

그러나 이것은 완벽한 설명이 아닙니다. 가장 결정적 요소인 촛불에 의한 온도 상승을 빠뜨려서는 안 됩니다. 유리잔으로 덮을 때까지 촛불에 의해 주위의 공기 온도는 상승합니다. 촛불 개수가 늘어나면 공기 온도는 한 개일 경우에 비해 더욱 뜨거워집니다.

촛불이 꺼지자마자 컵 속 공기는 온도 하강으로 인해 수축하는데, 그 수축 정도는 꺼지기 전 유리 속 공기의 평균온도와 직접적으로 비례합니다. 따라서 촛불 개수가 늘수록 공기는 더 가열되며, 공기 온도가 높아질수록 온도 하강 폭이 더욱 커져 수면은 훨씬 더 높이 상승하는 결과를 낳았던 것입니다.

먼저 제대로 묻지도 않고 과학 선생님만 무턱대고 믿어서는 안 되겠습니다.

_ 이언 러셀 영국, 더비셔 주, 하이피크, 인터랙티브 사이언스 사 실험을 통해 우리들이 배우는 교과서에 숨은 오류를 입증하신 어린 학생들께 축하의 말을 전하고 싶습니다. 촛불, 거꾸로 든 병, 커다란 물 대야, 그 다음에는 병 속에서 모든 산소가 빠져나간다였는데 그 마지막 부분이 미심쩍었습니다.

학생들은 촛불을 네 개로 늘렸을 경우에 물이 훨씬 더 높이 상승한다는 사실을 관찰함으로써 수면 상승의 진짜 원인은 촛불에 의해 공기가 가열돼 병 속의 공기가 팽창하기 때문이라는 사실을 밝혀낸 것입니다. 이제 그들은 팽창된 공기가 병 주둥이를 빠져나가며 '꼴록꼴록' 소리를 낸다는 사실도 알았을 것입니다. 촛불이 꺼지면 잠시 동안은 아무 일도 일어나지 않습니다. 남아 있던 공기가 식고 다시 수축되면서 수면이 상승합니다.

촛불이 꺼지기까지 소모된 산소는 가용 산소의 일부분에 불과합니다. 따라서 촛불 실험으로는 공기 중의 산소 비율을 알아낼 수 없습니다.

_ **피터 맥그리거** 영국, 스트래스클라이드 주, 그리녹 실험 결과에는 부분적으로 초의 굵기도 영향을 미칩니다. 아주 굵은 초 하나를 쓰더라도 동일한 수면 상승 효과를 거둘 수 있습니다. 초가 굵을수록 수면은 더 높이 상승합니다.

빨려 들어온 물은 초와 유리잔 사이의 공간을 파고듭니다. 그 공간이 좁을수록 수면은 더 높이 상승합니다.

기타 베스트 질문 | 헬륨 풍선의 비밀

헬륨 풍선은 왜 그토록 빨리 쭈그러드나요? 우리집 아이들이 파티에서 집으로 가져온 헬륨 풍선이 다음날에는 쭈그러들어 있곤 합니다. 저는 크기가 작아지는 것이 공기가 빠져나가기 때문이라고 생각하지만, 어떤 다른 이유가 있을 것 같기도 합니다. 일반 공기가 가득 찬 풍선은 훨씬 더 오랫동안 크기가 그대로이니까요.

- 존 스토 영국, 컴브리아 주, 그레이트코비

개빈 휘태커 영국, 보더스 주, 헤리엇 헬륨 가스는 단지 매우 가벼울 뿐만 아니라 단원자 기체입니다. 즉 입자들이 모두 원자 하나로 이루어져 있습니다. 요컨대 헬륨은 우리가 생각할 수 있는 한 가장 작은 기체 입자들로 구성되어 있습니다. 원자들은 지름이 단지 0.1 나노미터여서 금속 필름을 통과해 대단히 잘 흩어질 수 있습니다. 작은 구멍을 통해서도 잘 확산되기 때문에 헬륨은 산업용이나 실험실용 진공 시스템의 누출 테스트에 자주 사용됩니다. 질소나 산소 분자는 헬륨 원자보다 훨씬 더 지름이 큰데, 그것은 질소나 산소 분자가 풍선의 벽을 통과해 빠져나가는 비율이 훨씬 더 작다는 것을 뜻합니다. 그것은 모래와 조약돌을 채로 거를 때의 차이와 같습니다. 모래가 훨씬 더 쉽게 빠져나가는 것은 그것들이 더 작은 입자들로 이루어져 있기 때문입니다.

확산에 의한 기체 손실을 조장하는 두번째 요인은 풍선이 스파게티와 비슷한 중합체 분자 사슬 소재 물질로 되어 있어 점성을 지니고 있다는 것입니다. 중합체 분자 사슬은 단단하게 밀집될 수 없고 헬륨이 확산되어 나갈 수 있는 틈이 생길 수 있기 때문에 헬륨은 예컨대 압력이 낮은 상태에서도 벽을 통해 빠져나갈 수 있습니다. 풍선을 부풀리면 중합체가 퍼지면서 풍선의 벽이 얇아지고(헬륨이 바깥으로 확산되기 위한 거리가 짧아지고), 분자구조에 미세하게나마 틈이 더 생기고(확산이 더욱 용이해지고), 이렇게 증폭된 압력이 확산의 원동력을 제공하는 것입니다. 풍선이 수축될 때는 아주 빠르게 진행되지만, 풍선이 작아지면서 점차 수축 속도가 느려지는 것도 바로 이 때문입니다.

상업용 헬륨 풍선은 비탄성 물질로 만들어진데다 기체의 손실을 감소시키기 위해 코팅되지만, 하루 동안에 눈에 띌 정도의 비율로 여전히 손실이 일어납니다. 풍선을 산 다음날 아침에 확실히 어린이들(그리고 성인들)이 실망하기에 충분할 정도로 말입니다.

_ 하비 러트 영국, 사우샘프턴 대학교 전자공학부 헬륨 원자는 매우 작고 매우 가볍습니다. 그래서 얇게 늘려진 풍선 고무의 원자 크기만 한 구멍을 통해서도 쉽게 확산될 수 있습니다. 공기 분자(주로 산소와 질소)들은 더 크고 무거워서 훨씬 더 천천히 확산됩니다. 헬륨을 벽으로 밀어내는 풍선 내부의 압력이 증가하는 것 말고도 헬륨의 유출을 증가시키는 또 다른 요인이 있습니다.

공기 중에는 헬륨이 거의 없기 때문에, 풍선의 벽 안쪽에서 충돌하는 헬륨 원자가 바깥쪽에서 충돌하는 원자보다 수가 압도적으로 많습니다. 하지만 질문자님은 풍선의 바람이 완전히는 빠지지 않는다는 것을 알아차리실 것입니다. 그 이유는 이번에는 반대로 안보다 바깥에서 충돌하는 공기분자가 많아, 일부 공기 분자가 안으로 들어오기 때문입니다.

이 사실을 활용해보면 매우 기묘한 효과를 얻을 수 있습니다. 만약 풍선을 황화헥사플로라이드로 가득 채우면 이 기체 분자들은 크기가 매우 크고 무겁기 때문에 고무를 통해 그렇게 빠져나갈 수가 없습니다. 하지만 이번에도, 앞의 헬륨의 예에서처럼, 안보다는 바깥쪽에 더 많은 공기 분자들이 있기 때문에 공기가 안쪽으로 들어와 풍선이 천천히 점점 더 커집니다.

> **기타 베스트 질문 | 추락하는 엘리베이터에서 살아남기**
>
> 만약 자유낙하하는 엘리베이터에 타고 있다면 충돌의 충격을 감소시키기 위해 어떤 행동을 해야 하나요? 바닥에 충돌하기 직전에 점프를 하면 도움이 될까요?
>
> **나이절 오스본** 영국, 버킹엄셔 주, 에이머섬

_키스 월터스 오스트레일리아, 뉴사우스웨일스 주, 쇼필즈 할리우드 영화에 그런 장면이 상투적으로 나오지만, 엘리베이터가 떨어져나가는 일은 실제로 거의 없습니다. 19세기에 일라이셔 오티스가 특허를 받은 가속감응식 안전제동기 덕분입니다. 엘리베이터가 추락하기 시작하는 순간, 복합 스프링이 부착된 팔들이 튀어나와 단단히 죄어 떨어지지 않게 해줍니다.

생존 가능성을 높이기 위한 최선의 방법은 바닥에 등을 대고 누운 채 손을 머리 밑에 두어 충격을 최소화하는 것입니다. 물론 극히 빠른 속도로 자유낙하하는 도중에 이런 행동을 하기란 어렵겠지만 말입니다.

충돌 전에 점프하는 것은 고작 수천분의 1초 정도 충격을 지연시킬 뿐입니다. 게다가 언제 점프해야 하는지를 어떻게 알겠습니까? 만약 너무 일찍 점프를 하면 머리가 천장에 쾅하고 부딪힐 것이고, 그런 다음 승강기가 충돌할 때 바닥에 세게 부딪힐 것입니다.

심지어 점프를 정확한 순간에 맞춰 할지라도 뭔가 좋은 효과가 있

으려면, 승강기가 떨어진 바로 그 높이만큼 점프할 수 있는 힘이 필요합니다. (예를 들어 만약 승강기가 100미터 떨어진다면, 공중으로 100미터를 점프할 수 있는 사람만이 그런 식으로 자기를 구할 수 있습니다.) 만약 그런 것을 할 수 있는 사람이 있다면 그에게는 처음부터 승강기 따위가 필요하지 않았을 것입니다.

_앨릭스 윌슨 영국, 글로스터셔 주, 터플리 엘리베이터가 바닥에 충돌하기 직전에 점프를 한다면 그리고 위쪽 방향으로 점프하는 속도가 엘리베이터가 아래쪽으로 떨어지는 속도와 같다면, 질문하신 분의 머리는 빠르게 엘리베이터 천장을 향하게 될 것입니다. 점프를 할 때 님의 체중이 0이 된다는 문제가 남지만, 몸을 바닥에서 들어 올려줄 손잡이 같은 것이 있다면 불가능한 것만은 아닙니다.

다행히 님이 천장에 부딪히기 직전, 천장은 급격히 가속되어 그 위쪽을 향한 속도가 님의 속도와 (상대적으로) 같아질 때까지 님에게서 멀어집니다. (충돌 후에도 엘리베이터의 형태는 그대로 유지된다고 가정할 때!) 또한 바닥도 천장과 똑같이 움직일 것입니다. 하지만 이 경우는 님 쪽을 향해서입니다. 님은 바닥에서 몇 센티미터 떨어진 곳에 사뿐히 착지하고 엘리베이터를 걸어 나와 1층으로 나갑니다. 이 1층도 (상대적으로) 같은 속도로 위쪽으로 이동해 있을 것입니다.

하지만 여기에는 한두 가지 문제가 있습니다. 그런 속도를 달성하려면 승강기가 낙하하는 것과 똑같은 속도로 점프할 수 있는 능력이 있어야 합니다. 그리고 심지어 그렇게 할 수 있을지라도, 점프하기 위해 필요한 가속이 엘리베이터가 바닥을 칠 때 경험되는 충격에 필적할 것입니다.

비록 그렇다 하더라도, 아무튼 조금만 점프하더라도 충격을 조금이나마 완화시킬 수 있으리라는 것은 의심의 여지가 없습니다.

_ **데이비드 포올** 영국, 노팅엄서 주, 톨러턴 저는 생존 확률을 높일 수 있는 세 가지 방법을 압니다. 비록 아주 조금밖에는 효과가 없겠지만요. 첫번째 방법은 이미 언급되었습니다. 엘리베이터가 바닥에 닿기 전에 가능한 힘껏 점프해서 충돌시 밀쳐 올라오는 힘의 일부를 상쇄시키는 것입니다. 두번째 방법은 님이 지니고 있는 것 중에서 어떤 것이든 부드러운 것을 찾는 겁니다. 옷가지 같은 거요. 그것을 충돌하기 전에 몸 밑에 까는 겁니다. 이것은 충돌의 감속시간을 늘려주어 조금이나마 충격을 감소시켜줄 것입니다. 만약 다리에 지장이 없으시다면 일어서서 다리를 '충격 흡수대'처럼 활용해보시기 바랍니다. 물론 나중에 다리가 엉망이 될 수는 있습니다. 세번째는 언급할 만한 가치조차 없지만, 뭔가를 붙잡고 몸을 있는 대로 쫙 뻗어 엘리베이터의 표면적을 늘려주는 것입니다. 인식조차 할 수 없을 정도로 미미하겠지만 최종속도가 분명 감소될 겁니다.

> **기타 베스트 질문 | 새까만!**
>
> 탄소 분말을 생산하는 공장에서 일할 때 샌드위치를 먹다가 그중 하나에서 검은 엄지손가락 지문이 큼지막하게 묻은 것을 알게 되었습니다. 그러다 저는 빵은 대부분이 탄소로 되어 있는데 왜 색이 검지 않은지 궁금해졌습니다. 감자, 쌀, 설탕 같은 것들도 마찬가지고요.
>
> **더글러스 톰슨** 영국, 플린트셔 주, 홀리웰

_ 리처드 허니 캐나다, 온타리오 주 이 질문은 예를 하나 들어 설명하는 것이 가장 쉬울 것 같습니다. 나트륨은 물과 접촉하면 격렬하게 반응하며, 염소는 매우 독성이 강한 녹황색 기체입니다. 하지만 이들 두 원소가 모두 들어 있는 화합물인 염화나트륨은 아무런 해가 없는 일반 소금입니다. 이것은 한 원소의 성질과 그 원소가 들어 있는 화합물의 성질은 전혀 다르다는 것을 보여줍니다.

 복사기에 사용되는 탄소 분말은 원소 그대로의 탄소를 아주 세밀하게 갈아 으깬 것입니다. 그것의 입자들은 극도로 작고 무작위적으로 배열되어 있습니다. 이것들은 모든 빛을 흡수해버리고 재발광시키지 않습니다. 탄소 분말은 그래서 검게 보이는 것입니다. 샌드위치에는 분명 탄소가 들어 있지만 원소 형태로는 아닙니다. 즉 산소와 수소가 결합된 탄수화물로서 탄소가 포함되어 있는 것입니다. 이런 화합물들은 각각 그 자신들만의 성질을 가지는데, 그 성질들은 그것들을 구성하는 원소들의 성질과는 비슷한 점이 단 하나도 없습니다. 빵조각들은 여러 파장의 빛을 꽤 잘 방사하기 때문에 햇빛에서 볼 때 하얗게 보이는 것입니다.

_ H. 윌리엄 반스 미국, 펜실베이니아 주, 워링턴 탄소는 보통 무정형의 고체로서 발견되는데, 그것은 탄소가 명확한 결정구조를 가지고 있지 않다는 것을 뜻합니다. 따라서 탄소 원자의 바깥쪽 궤도에 있는 일정한 전자들의 위치 때문에 빛은 흡수되어 다시 발광되지 않는 것입니다. 이것은 흑연, 매연, 카본블랙에 있는 탄소 원자들이 검게 보인다는 것을 뜻합니다.

같은 탄소이기는 하지만 다이아몬드는 보통 투명한데, 그것은 다이아몬드의 결정구조가 전자들과 그 위치를 바꿈에 따라 무색의 결정을 만들어내기 때문입니다. 만약 다른 원자들, 대체로 금속 원자들이 섞여들어 전자들의 위치가 바뀌면 파랑, 분홍, 녹색 등의 다이아몬드가 만들어질 수도 있습니다.

_ 던컨 호그 영국, 서리 주, 파넘 빵이나 감자처럼 식품에 존재하는 탄소는 탄수화물의 형태로 존재합니다. 이때의 탄소는 물과 화학적으로 결합되어 있기 때문에 검게 보이지 않습니다. 검은 탄소로 되돌리려면 물을 제거하면 됩니다. 보통은 가열을 하는 거죠. 토스트가 타면 검게 되는 것은 바로 이 때문입니다.

설탕도 탄소와 물이 결합되어 이루어진 것입니다. 하지만 농축된 황산을 첨가하면 산이 수분을 아주 잘 흡수하기 때문에 검은색 탄소를 볼 수 있게 됩니다.